生活技能708

開始
做蛋吃豆腐

文字◎田次枝 攝影◎黃時毓

So Easy

一切就要開始發生……

開始玩居家　　　盆栽

開始　　　在家煮咖啡

開始旅行　　　說英文

開始隨身帶　　數位相機…

延伸生活的樂趣，
來自我們開始的探索與學習，
畢竟生活大師不是天生的，只是很喜歡嘗新罷了。
這是一系列結合自己動手與品味概念的生活技能書，
完全從讀者的實用角度出發，
希望以一目了然、輕鬆閱讀的圖像編輯方式，
讓你有信心成為真正懂得生活的人，
跟著Step by step，生活技能So Easy ！

蛋與豆腐的魔法烹調術

「蛋跟豆腐都軟趴趴的，一點都不好料理！」
許多人一聽到蛋豆腐料理就皺眉頭。
本書要教你做出漂亮又好吃的
蛋與豆腐料理技巧，
有涼拌、燴料、蒸、煎、炸、煮、炒，
足足42道料理。

另外，特別企劃蛋豆腐好吃密技，
介紹各種蛋與豆腐的種類、及處理方式，
從打蛋、煎蛋皮、切豆腐，
到勾芡、滑蛋的技巧，
一一示範並提醒讀者易犯的錯誤，
讓料理蛋與豆腐時，可以更簡單，
做出來的料理更漂亮、可口。

主編　張敏慧

編者群像

總編輯◎張芳玲

自太雅生活館出版社成立至今，一直擔任總編輯的職務。跨書籍與雜誌兩個領域，是個企畫與編輯實務的老將；這位熱愛生命、生活、工作的職場女性，曾經將豐富有趣的生命故事記錄在《今天不上班》、《女人卡位戰》兩本著作裡面。（拍攝期間負責搞定鄧媽媽調皮的小孫女）

書系主編◎張敏慧

從第一份工作開始就一直從事編輯工作，範圍從電影、美食到房屋雜誌都玩過，現在在太雅生活館裡持續吃喝玩樂中。長久秉持君子遠庖廚的信念，卻在鄧媽媽的食譜拍攝期間，激起洗手做羹湯的衝動。原來，菜要做得好吃並不難嘛，只要一點小技巧加上100%的用心就可以囉！

Photo/James Lin

企宣主編◎黃窈卿

從〈ELLE〉雜誌到太雅生活館，覺得工作最有趣的部分，就是能在紙上和現實中同時滿足自己的欲望。原本有難以控制的敗家傾向，來到太雅後注意力暫時得到良性的轉移，只是不知下一步是否會從瘋狂血拼變成瘋狂出遊。目前負責太雅生活館的「個人旅行」和「世界主題之旅」書系，以及企宣工作。

作者◎田次枝

1944年出生的愛美天秤座，最近熱中跳舞，可得九十五分以上高分的專業家庭主婦。味覺特佳，任何獨門配方別想逃過她的舌頭。對做菜多數時間（有時難免會有倦怠）保持高度學習興趣，深信做菜最重要的是用心，並樂於與人分享烹飪心得。著作：《鄧媽媽的私房菜》

攝影◎黃時毓

善於創造不同的影像空間，現為慧毓攝影有限公司負責人，並為出版社、餐飲業、服務等之特約攝影師。閒暇時喜歡下海，悠遊於陽光下，享受釣魚之樂，常可在海面上找到他的蹤影。

美術設計◎何月君

從事美術設計工作多年，接觸過的廠商案子與類型，只能用五花八門來形容，不過最愛的，還是書籍的設計，不僅能訓練耐性，每當書完成時，又有達陣般的成就感，就好像吃豪華大餐一樣，非常痛快。平時喜歡看電影、吃零食，三餐只吃麵食，不吃米飯。決定連著三本食譜書完成後，照鄧媽媽的做法大開吃戒一番。

感謝贊助

WEDGWOOD
吳麗鑾女士
鄧亦琳先生
鄧茵茵小姐
陳怡秀小姐
小乖

開始做蛋吃豆腐

Life Net 708

太雅生活館 編輯部
文　　字　　田次枝
攝　　影　　黃時毓
美術設計　　何月君

總 編 輯　　張芳玲
企宣主編　　黃窈卿
書系主編　　張敏慧
行政助理　　許麗華、吳斐竣

TEL：(02)2773-0137　FAX：(02)2751-3589
E-MAIL：taiya@morning-star.com.tw
郵政信箱：台北市郵政53-1291號信箱
網頁：http://www.morning-star.com.tw

發 行 人　　洪榮勵
發 行 所　　太雅出版有限公司
　　　　　　台北市羅斯福路二段79號4樓之9
　　　　　　行政院新聞局局版台業字第五〇〇四號
分色製版　　知文印前系統公司 台中市工業區30路1號
　　　　　　TEL: (04)2359-5820
總 經 銷　　知己實業股份有限公司
　　　　　　台北分公司 台北市羅斯福路二段79號4樓之9
　　　　　　TEL: (02)2367-2044　FAX: (02)2363-5741
　　　　　　台中分公司 台中市工業區30路1號
　　　　　　TEL: (04)2359-5819　FAX: (04)2359-5493

郵政劃撥　　15387718
戶　　名　　太雅出版有限公司
初　　版　　西元2003年5月30日
定　　價　　250元（特價199元）
（本書如有破損或缺頁，請寄回本公司發行部更換，或撥讀者服務專線04-23595820#230）

ISBN　957-8576-65-X
Published by TAIYA publishing Co.,Ltd.
Printed in Taiwan

國家圖書館出版品預行編目資料

開始做蛋吃豆腐／田次枝文字；黃時毓攝影.
——初版. ——臺北市：太雅，2003〔民92〕
　　面：　公分 . ——（生活技能；708）（Lift net；708）

ISBN 957-8576-65-X（平裝）

1.食譜—蛋　2.食譜—豆腐

　　427.1　　　　　　　　　　　92007765

目錄 CONTENTS

02　**SO EASY** 宣言
03　編者的話
04　編者群像
04　感謝贊助
08　如何使用本書
10　作者序
11　作者介紹

12　蛋豆腐好吃密技
14　好吃蛋密技 【種類篇】
18　好吃蛋密技 【處理篇】
20　好吃豆腐密技 【種類篇】
24　好吃豆腐密技 【處理篇】
26　好吃密技 【勾芡篇】
28　好吃密技 【道具篇】

30　拌的蛋豆腐
32　豆腐涼拌蕃茄
34　子薑皮蛋
36　皮蛋紅椒

38　炒的蛋豆腐
40　雪菜豆腐
42　雪菜豆腐皮
44　香菇豆腐
46　炒臭豆腐
48　蝦仁炒蛋
50　滑蛋牛肉
52　炒黃菜
54　蛋包飯
56　鹹蛋炒苦瓜
58　蚵仔炒蛋
60　滑蛋雞腰豆腐

62 燴的蛋豆腐

64　咖哩豆腐
66　海鮮豆腐
68　豆瓣豆腐
70　燴紅白
72　椰奶豆腐
74　鹹魚雞粒豆腐
76　豆腐肉丸子
78　紅燒鯽魚豆腐
80　腸旺豆腐

82 煎炸蛋豆腐

84　炸脆豆腐
86　豆腐可樂餅
88　蝦仁豆腐捲
90　漢堡豆腐餅
92　蛋捲鮪魚餅

94 蒸的蛋豆腐

96　豆腐蒸蝦
98　油豆腐鑲肉
100　荷葉豆腐
102　蒸臭豆腐
104　蟹黃豆腐
106　鹹蛋蒸肉球
108　鮮貝蒸蛋
110　三色蛋
112　粉絲蛋
114　翠綠豆腐鑲肉

116 煮的蛋豆腐

118　豆腐鯛魚湯
120　綠茶豆腐
122　蝦醬豆腐
124　滷味

127 立即加入生活俱樂部

How to use

如何使用本書

全書將蛋與豆腐分為六大類，有涼拌、燴料、蒸的、煎的、炸的、煮的以及炒的蛋豆腐。並有「蛋豆腐好吃密技」，教你認識蛋與豆腐的種類、處理方式，以及蛋豆腐料理最常用的勾芡與滑蛋技巧，讓蛋與豆腐料理吃起來更滑順可口，還有特別企劃的「道具篇」，讓你輕鬆處理難纏的蛋與豆腐！

全書2大部分

【第一部份】蛋豆腐好吃密技

●好吃蛋密技－種類篇：
介紹各種蛋的特色及料理方式，並有每種蛋的創意吃法，讓料理更有趣。

●好吃蛋密技－處理篇：
從蛋白蛋黃怎麼分、煎蛋皮、打泡，到蛋的各種處理方法都一一示範。

●好吃豆腐密技－種類篇：
各種豆腐的特色，並有豆腐創意吃法，讓原本平淡的豆腐料理變化無限。

●好吃豆腐密技－處理篇：
豆腐怎麼煎、怎麼炸，怎麼切才會四四方方、不會破碎，均示範給你看。

●好吃蛋豆腐密技－勾芡、滑蛋篇：
勾芡與滑蛋算是蛋與豆腐料理特有的烹調方式，讓料理更豐富、更滑順。

【第二部份】食譜示範

●涼拌蛋豆腐：豆腐涼拌蕃茄、子薑皮蛋、皮蛋紅椒
●炒的蛋豆腐：雪菜豆腐、雪菜豆腐皮、香菇豆腐、炒臭豆腐、蝦仁炒蛋、滑蛋牛肉、炒黃菜、蛋包飯、鹹蛋炒苦瓜、蚵仔炒蛋、滑蛋雞腰豆腐
●燴料蛋豆腐：咖哩豆腐、海鮮豆腐、豆瓣豆腐、燴紅白、椰奶豆腐、鹹魚雞粒豆腐、豆腐肉丸子、紅燒鯽魚豆腐、腸旺豆腐
●煎炸蛋豆腐：炸脆豆腐、豆腐可樂餅、蝦仁豆腐捲、漢堡豆腐餅、蛋捲鮪魚餅
●蒸的蛋豆腐：豆腐蒸蝦、油豆腐鑲肉、荷葉豆腐、蒸臭豆腐、蟹黃豆腐、鹹蛋蒸肉球、鮮貝蒸蛋、三色蛋、粉絲蛋、翠綠豆腐鑲肉
●煮的蛋豆腐：豆腐鯛魚湯、綠茶豆腐、蝦醬豆腐、滷味

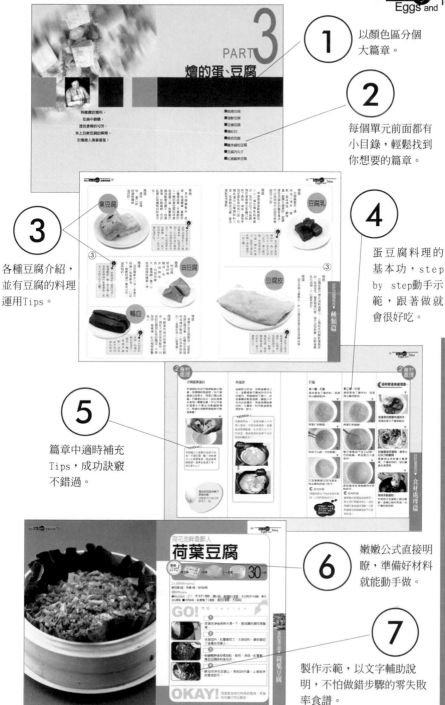

1 以顏色區分個大篇章。

2 每個單元前面都有小目錄，輕鬆找到你想要的篇章。

3 各種豆腐介紹，並有豆腐的料理運用Tips。

4 蛋豆腐料理的基本功，step by step動手示範，跟著做就會很好吃。

5 篇章中適時補充Tips，成功訣竅不錯過。

6 嫩嫩公式直接明瞭，準備好材料就能動手做。

7 製作示範，以文字輔助說明，不怕做錯步驟的零失敗率食譜。

如何使用本書

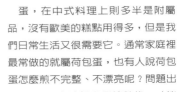

作者 序

豆腐・蛋・豪華的平凡料理

我們學作菜時，會先從煎、炒、蒸、煮、炸等方向不斷地嘗試摸索，而豆腐和蛋這兩種食物，正好可供作一般人最方便取得的烹飪食材。因此本書就以這個角度切入，讓大家發現這兩樣看似普通、卻可以變化出許多花樣的東西之諸多面貌。

豆腐，從板豆腐演進到如今的多元口感，現代人不但可以選擇自己喜愛的類別，去變化出不同口味的菜餚，更能夠從豆腐中得到相當豐富的各類營養素；但有人說豆腐最難作，如果想把它完整做出來實在困難，又說自己做出來的豆腐經常支離破碎，到底原因出在哪裡？如果你切的是方塊狀，下油鍋時，請將鍋鏟朝下盡量往鍋底慢慢推動，切忌將鍋鏟朝上；燒豆腐時，不宜用大火，因為容易燒乾，需要調中小火，讓時間拉長，使豆腐入味，盡量少用鍋鏟碰觸它，並且將鍋蓋蓋上。這些動作多做幾次以後，也就不覺得困難了。

蛋，在中式料理上則多半是附屬品，沒有歐美的糕點用得多，但是我們日常生活又很需要它。通常家庭裡最常做的就屬荷包蛋，也有人說荷包蛋怎麼煎不完整、不漂亮呢？問題出在油鍋必須燒熱後，才能放下少許油，並打蛋去煎，此時火不宜太大。而打蛋的方法又有兩種，做蛋糕或者鬆軟的蛋製品時，需要打到發泡為止；另一種則只需把它打散就可以了。由於「蛋」、「豆腐」這兩種食材本質上都易碎，因此烹飪時更需小心翼翼。

本書製作期間為了使讀者都能接受每一道菜的作法，我盡量採用家常料理，使它顯得大眾化一些，即使如此，做得美美的豆腐或蛋，還是宴席上的要角喔！請大家一定要試一試。

田次枝

作者介紹／作者之女 鄧茵茵撰

燒菜如跳舞

插畫/小乖

母親近幾年來突然迷戀上跳舞,早上五點多摸黑起床,打扮妥貼之後就美美出門去也,本來只是社區媽媽土風舞,後來不知怎麼搞的舞興大發,也開始學起國際標準舞來。本就愛美的她,一直沒辦法接受我們那種流著汗、穿著醜陋服裝的激烈運動方式,原本為了保持身材才開始進行的舞蹈,卻成了她這幾年來的生活重心。

不但朋友變得越來越多,連打扮也炫麗時髦起來,有一回我跟她去逛街買衣服,專櫃小姐看我穿著土氣,還忍不住告誡:「哇,你媽媽穿得好炫喔,你要多多學習!」我盯著自己的平凡牛仔褲,再看看母親的亮片釘花金穗牛仔褲,不得不承認,專櫃小姐雖然大多數時間都在胡謅,這一時一刻講的話卻是實在的,娘的愛美是從外而內、從小到大都沒改變過,當女兒的只能盡力追趕,或是努力創造自我風格,想要企及卻是完全不可能。

也不只這一點;從小身為職業婦女孩子的我,便當菜色永遠比同學豐盛,用極速做成的晚餐沒一天隨便上菜過,我原本以為媽媽就應該這樣,直到去了別人家吃飯,才知道原來不是天下的媽媽都善烹飪,也不是所有媽媽都樂於操持家事,我家一直是母親嚴格、當軍人的父親卻溺愛,不太符合什麼嚴父慈母法則,在媽媽的照料之下,家裡永遠一塵不染、美麗大方、規格整齊,要變出一桌子菜的那種魔術,如果問用味覺、記憶與創意拼貼成佳餚的母親,似乎一天一夜也講不完。我的朋友們對於能夠來家裡吃一頓母親燒的菜這件事,幾乎快超過來拜訪我的熱情,往往讓我惱怒卻無話可說,因為好的菜有一種讓人自覺幸福的能力。母親在烹飪這件事上不但有天分,也要求完美,好像跳舞一樣,既然要跳,就得水噹噹的,做菜也是,難吃或難看的菜,當然沒有端上桌的權利。

認真的確是看得到,也吃得到的吧!

蛋豆腐好吃密技

蛋與豆腐是料理界不可或缺的材料，
取得容易、用途極廣。
但也因為蛋與豆腐柔軟易碎，
得要有巧功夫，才能好看又好吃。
多了解蛋與豆腐的特性，
再加些小技巧，
料理大師就是你！

密技 ① 【蛋的種類】 了解蛋,讓料理更美味

密技 ② 【蛋的處理】 蛋料理的用法

密技 ③ 【豆腐的種類】 了解豆腐,讓料理更美味

密技 ④ 【豆腐的處理】 豆腐料理的用法

密技 ⑤ 【勾芡與滑蛋篇】 香濃滑潤、美味加分

密技 ⑥ 【道具篇】 搞定滑溜的蛋豆腐

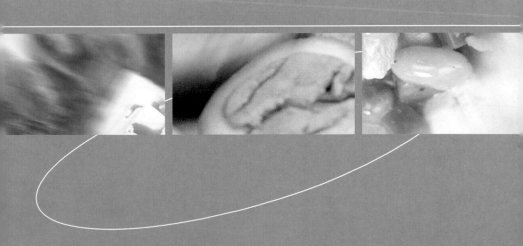

好吃蛋密技1、2 ▼ 種類與處理篇

生物初始，都從一顆蛋開始。
生命的神奇與蘊含一切的營
養，都在一顆小小的蛋裡，在
吃蛋的同時，彷彿也吃下了所
有的精力與能量！

雞蛋

特色

殼非常薄脆，顏色白亮，略帶透明感。新鮮的雞蛋非常香，也很珍貴，早期如能在白飯上，加入一顆新鮮的雞蛋一起拌著吃，是非常高級的享受。

用途

所有蛋類中用途最廣的就是雞蛋，除了直接烹調，如水煮蛋、油煎荷包蛋、滷蛋等幾乎保持雞蛋原貌的製作法外，大部分時候雞蛋都是被用來作為其他菜餚的附屬品，如打散煎成蛋皮、炒飯等。

> 更多時候，雞蛋被當成一種膨鬆劑或黏劑，如打泡做蛋糕、打散加入麵粉作麵衣，雞蛋可以說是滷、煎、炒、炸都合宜，是料理中幾乎是不可或缺的主角與配角。

鴨蛋

> 由於鹹鴨蛋的蛋黃色澤很鮮豔，有時也會剁碎與絞肉同拌，做成肉丸子，或是做成三色蛋，鮮豔的蛋黃更顯誘人。

特色

又稱鹹蛋、鹹鴨蛋，殼較雞蛋厚，殼的顏色也偏黃，大小較雞蛋要大。算是一種醃製品，屬於熟蛋，鹹味重，以切開後蛋黃心略微呈現鮮橙膏狀為上品。

用途

可以直接剝殼吃，或是直接剝蛋殼弄碎配稀飯吃，是早期艱困生活中的下飯珍品。料理時，使用鹹鴨蛋是取其鹹香的特殊味道，除了本身口感與香氣非常迷人，常常也有掩飾其他食材味道的功能，如鹹蛋苦瓜就能去掉苦瓜的苦味，讓不喜歡苦瓜的人也會忍不住夾幾筷子吃。

特色

生鴨蛋的外貌最特別的，就是通常會附著一層紅土，用於保持鴨蛋的新鮮。又由於紅土會與鹽混和，所以事實上生鴨蛋也是屬於醃製品的一種，只是依然算是生食。生鴨蛋蛋黃顏色成橘紅色，呈現半固體狀，有點硬、但又帶軟，蛋白則跟生雞蛋一樣，是透明的黏稠狀。

用途

生鴨蛋通常取蛋黃部份入菜。有點固體狀的蛋黃，通常是切碎與材料一起炒、捏成肉丸子，或是整顆包進粽子、碗粿裡。

生鴨蛋

生鴨蛋最常見的做法，就是包進月餅裡。當切開月餅時，同時也被切成一半的鴨蛋黃，就像中秋時天上的滿月一樣，又圓又黃，一口咬下，鹹香滋味令人難忘。

熟鴨蛋

皮蛋

特色

皮蛋其實也是鴨蛋的另一種製品，以浸泡的方式製成。整顆皮蛋呈黑色，蛋白是透明的黑，蛋黃則略呈灰色的膏狀，味道非常特殊。

用途

通常直接切瓣做成皮蛋豆腐，或與其他食材一同做成涼拌菜。也常剁碎加進粥裡同煮，皮蛋顆粒在粥裡瑩瑩浮現，有視覺與味覺上的雙重享受。

以皮蛋來拌麵，

不但能夠保持皮蛋本身的風味，當麵條與略呈膏狀的蛋黃拌在一起時，會有一點墨魚義大利麵的視覺效果，非常有趣。

秘技 ①

鵪鶉蛋

特色

是一般食用鳥蛋中，最嬌小的一種蛋。每顆蛋大約只有拇指第一個指節大小，略為偏黃的蛋殼上會有不規則狀的黑褐色斑點，非常薄且易碎，通常是為了配合視覺效果時使用。

用途

由於鵪鶉蛋非常小，一口一個剛剛好，所以常會直接放進滷味裡一起滷、或是煮湯當配料，形狀小巧可愛，忍不住一口一個吃不停。

把小鵪鶉蛋一顆

顆打開煎成一個個的小荷包蛋，會覺得自己彷彿來到小人國一般，能讓小朋友愛上吃蛋。

好吃蛋密技▼ **種類篇**

2 食材處理

分開蛋黃蛋白

把蛋殼肚的地方稍微輕敲出裂痕，再慢慢剝開蛋殼，但不要直接分成兩半，而是打開出裂縫，只讓蛋白流出，由於蛋黃本身有一層膜包著，所以完整的蛋黃太大無法沿著縫隙滑出，等蛋白流盡殼裡面就只剩蛋黃囉！

Notice！

有時縫太小連蛋白也流不出來，不過打開一點，有時會不小心刺到蛋黃，造成蛋黃膜破裂，蛋黃也會流下來，所以要小心！

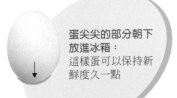

蛋尖尖的部分朝下放進冰箱：
這樣蛋可以保持新鮮度久一點

煎蛋皮

油鍋放少許油，油熱後轉成小火，並輕搖鍋子讓油均勻分布在鍋內，再緩緩倒下蛋汁，並呈畫圓狀輕搖油鍋，讓蛋汁平均流出呈圓型。等蛋液開始變白時，火關掉，利用餘溫使蛋液定型，即可。

Notice！

油鍋燒熱後，一定要先轉小火再倒入蛋液，否則油鍋過熱，會讓蛋液整個隆起、並出現大大小小的氣泡，最後破掉消氣剩下坑坑疤疤的醜蛋皮了。

火太大就會起泡

醜醜的！

打蛋

第一種：打散
通常是為了當拌料、或是
與沾醬搭配時。

1
將蛋打到碗裡。

2
用筷子以統一方向輕劃。

3
打至蛋黃蛋白均勻混合，
成淡黃色的蛋汁即可。

🍳 **使用時機**

滑蛋與做丸子時或者油炸類
時，只須打散就可以了。

不要亂打，會破壞
蛋的連結性，永遠
打不成泡，變成一
攤稀稀的蛋汁。

第二種：打泡
通常是為了當拌料、或是
與沾醬搭配時。

1
將蛋打到碗裡。

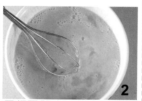

2
用打蛋器由下往上以統一
方向輕劃，將空氣打入蛋
液中。

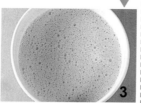

3
直到蛋液呈現細緻泡沫狀
時即可。

🍳 **使用時機**

做鬆軟的蛋製品如蛋糕等，
就必須打到起泡為止。或是
想讓炒蛋看起來蓬鬆，打蛋
時讓蛋液稍微起泡就可以達
到效果。

這時要這樣處理蛋…

皮蛋剝完殼要先過冷水：
這樣皮蛋才不會黏黏的

**切雞蛋或皮蛋時，放手上
以尖刀輕劃開：**
這樣切出來的蛋才會漂
亮，不會碎碎的，切口會
很光滑漂亮

用筷子敲蛋殼：
先用筷子在蛋殼上敲出裂
痕，這樣比較好剝蛋，也
不會把蛋弄破

好吃蛋密技▼

食材處理篇

好吃豆腐密技3、4▼ 種類與處理篇

白白方方的豆腐，看起來簡
單，卻蘊藏驚人的營養；可塑
性極高，煎煮炒炸拌燴捏揉，
比孫悟空的72變還要厲害！

嫩豆腐

特色

非常柔嫩，是豆腐中最易碎的，顏色也最白。

用途

直接淋上沾醬涼拌吃、蒸著吃，都行。也可以揉碎了做丸子、做餡子，不過一定要用紗布包住，擠出水分，否則餡會出水，不好包、也炸得不漂亮。

> 💡 在嫩豆腐上灑些胡椒再放上起司片，放進烤箱烤至起司溶化，取出淋上辣椒醬吃，滑嫩香軟麻辣有勁，喜歡嘗新的一定不能錯過！

板豆腐

→ 另有一種嫩的板豆腐，跟嫩豆腐差不多，如果料理時怕弄碎豆腐，可以選這個來烹飪，比較方便。

特色

又稱傳統豆腐，因為是每天現做、再運到傳統市場現賣，通常只有在傳統市場才有。結構比嫩豆腐結實，顏色偏黃，並且豆腐上表皮會有一層硬硬QQ的豆皮。質地不像嫩豆腐那麼細緻，但是容易吸收湯汁、醬汁的味道，而且不易碎，比較方便料理。

用途

板豆腐比較結實，所以煎、炸容易，切丁塊狀，適合炸的、炒的；切片時，則適合用煎的，才不會斷掉。

> 💡 板豆腐切成條狀下油鍋炸，會整個澎起來，很像甜不辣，一口咬下裡頭滾燙的豆腐汁流出來，很過癮，不過得小心別燙傷舌頭啦！

好吃豆腐密技▼ **種類篇**

臭豆腐

特色

是豆腐醃製品，很硬，味道嗆鼻，喜歡的人覺得很香，不喜歡的人一聞到臭豆腐的味道就退避三舍。其實臭豆腐有點像豆腐干，但溼度高，比較柔軟，而且就是以其獨特的味道出名。

用途

清蒸、重口味、切塊炒、滷或燴都很好吃。

把臭豆腐對切，放進熱油鍋裡炸2分鐘就撈起來，吃起來跟巷子口的炸臭豆腐很像，但是因為沒有炸很久，所以吃起來外表酥脆、但一口咬下卻滾燙多汁，比外面賣的還好吃！

③

油豆腐

特色

板豆腐經油炸後製成，外表成咖啡色，內部空隙大，像海綿一樣可以吸收料理的精華汁液。

用途

油豆腐吸水力強，很適合吸滷汁或是煮湯，一口咬下，飽含的湯汁會流出來，滋味特好！

把裡面的豆腐挖出來，填進醋飯、撒上黑芝麻，配著甜甜辣辣的醃嫩薑絲，就是日本的豆皮壽司囉！

鴨血

特色

其實不是豆腐製品，但是長相跟豆腐很像，由鴨血加熱凝固成塊狀製成（也有豬血做的），呈暗紅色，口感滑潤。

用途

早期是因為吃血補血的觀念，現在大部分用來配色的，白色的豆腐與紅色的鴨血，不管是炒、是煮湯，紅白相間鮮豔誘人。

煮米粉湯的時候，切幾片鴨血加進去一起煮，鴨血會越煮越軟，這是南京很特別的吃法

豆腐乳

特色

豆腐醃製品。通常成小塊狀，極軟。香味特殊，鹹味重，越陳年越臭的，越讓愛吃豆腐乳的饕客著迷，可以說與西方的起司有異曲同工之妙。

用途

早期是直接配稀飯吃，小小一塊豆腐乳就著醬瓜，就可以吃下好幾碗。現在還發展出各種口味，除了原味、辣味，還有芋頭豆腐乳等特殊口味。豆腐乳還可以當調味料入菜、或是做成沾醬，愛怎麼配就怎麼配。

把豆腐乳跟味噌拌在一起，抹在吐司上，加上冷凍三色豆、覆上起司條，放進烤箱烤5分鐘，融化的起司、搭配豆腐乳與味噌，風味獨特，一試上癮！

③

豆腐皮

特色

豆腐皮是豆漿在加熱過程中，上面結成的膜乾燥製成的。味道很香，富含高蛋白質、幾乎沒有熱量。加熱後會乳化成糊，可以重新塑型。

用途

由於加熱後會軟化，所以豆腐皮很適合做成煲類料理。

使用豆腐皮做料理本身就很厲害，從薄薄一張張的腐皮，加入料中一起燴、凝固成模，最後變成像蛋糕一樣的形狀，就令人讚嘆不已。

好吃豆腐密技▼ 種類篇

食材處理 秘訣④

弄碎

1 豆腐切成小丁，放在紗布裡。

2 用紗布把豆腐包起來，用力擠把水擠出來。

3 打開紗布，把豆腐刮下來，盛進碗裡就可以進行料理了。

 做餡料、或造型需要時，都需要把豆腐弄碎。一定要盡力把水擠出來，這樣做出來的豆腐料理才會好吃又好看。

煎豆腐

1 豆腐切塊，均勻沾上太白粉。

2 倒少許油熱鍋後，慢慢地煎。

 熱鍋後倒少許油，平均佈滿油鍋，每塊豆腐不要重疊，都要能碰到鍋子，讓熱油慢慢煎到焦黃再翻面。

炸豆腐

1 豆腐切塊，均勻沾上太白粉。

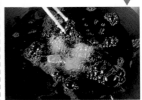

2 油熱後一塊塊炸，炸至金黃即可撈起。

 炸的秘訣是油要夠多夠熱，油的水位一定要高過材料，才能把豆腐均勻炸熟。一次也不要放太多豆腐，不然造成油溫下降，讓油炸時間變長，炸出來就不漂亮了，會變黑黑的。

秘技 **4 食材處理**

切豆腐

■切丁
適用時機：
用途最廣，不管是炒、炸、燴、拌、蒸，都很適合。

▼

1 豆腐平鋪，橫著切把豆腐切成2片。

▼

2 沿著寬邊切3刀。

▼

3 再沿著長邊切4刀。

 POINT.
切丁其實就是整塊豆腐橫切一半，再按豆腐的紋路劃出來即可。一口一顆豆腐，非常好入口。

■切塊
適用時機：
多數是鑲肉、蒸蝦時塞材料用。

▼

第一個步驟與切丁相同，將豆腐平鋪，橫著切把豆腐切成2片。
之後，沿著板豆腐的格子切井字，就變成9大塊了。

■切條
適用時機：
炒豆腐時。

▼

先把豆腐切成一片片。
再把每一片對切，成長條狀。

 POINT.
炒豆乾時切成條，大火快炒很容易就熟透，變得有點脆脆的，很香。

■切片
適用時機：
涼拌、煎、炸時。

▼

1 先把豆腐平鋪，直著切把豆腐切成2長塊。

▼

2 垂直一一切成1公分厚度。

 POINT.
不宜太薄，切成長方型比較好煎，口感也較好。

好吃豆腐密技▼ **食材處理篇**

蛋與豆腐，都是軟軟嫩嫩的。
由於本身的味道都很單純，所
以除了與其他材料搭配、調味
外，勾芡與滑蛋算是蛋與豆腐
料理特有的烹調方式。不但讓
料理更豐富，也會讓料理更滑
順，吃的時候，會有一種把滑
嫩吃下去，皮膚也跟著滑嫩起
來的感覺。

5 勾芡滑蛋

勾芡

1 倒入高湯

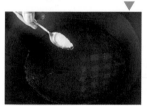

2 加少許鹽

3 撒胡椒粉

4 加太白粉水

5 燒到濃稠

TIPS ✳

不要將太白粉水一下子全倒下去,應該慢慢地攪拌,邊倒邊攪拌,至呈現黏稠狀時,就OK了。

滑蛋

把蛋液打散,在料裡起鍋前,將蛋液滑入、並立即熄火,利用食物的餘溫讓蛋變得半熟,吃起來會非常滑順。

TIPS ✳

利用蛋白、加太白粉來醃肉,會讓肉變得很嫩,不怕煮熟後變得老硬難入口。

好吃蛋豆腐密技 ▼ 勾芡與滑蛋篇

道具 秘技 6

湯鍋 ↗
煮、燙、泡，全靠它。

小碗 ↙
除了一般概念裡用來吃飯，也可以當水的計量器，還可以用來拌醬汁、盛裝醬汁、裝小菜，必要時還可以當模子。

水盆 ↘
洗食材、冰鎮，也可以當拌菜的大缽。

炒鍋 ↑
爆香、炒配料，烙餅、烘蛋，炒完加水、加高湯煮成湯，空間也很足夠。

蒸籠 ←
易碎、不用翻炒的食物，直接加調味料後放蒸籠，味道清香、形狀也會很漂亮。

紗布 ←
擠水的必備道具。

6 道具

小刷子 ↓
沾點橄欖油，塗在碗裡或模型內側，這樣定型後要扣盤時，比較好扣、形狀也會比較美。

尖刀 ←
輕巧靈活，刀片薄、前端尖，適合切易碎食材，如蛋、豆腐。

菜刀 →
只要切菜，都用的上。

桿麵棍 ↑
把餃子皮桿成小型蛋餅皮，就靠這一根。

打蛋器 ←
蛋料理的必備工具，特殊的鐵圈設計，可以輕鬆的將空氣打進蛋裡，很快就能打成泡。

湯匙、茶匙 ↑
除了用來計量、攪拌，還可以用來挖洞，塞餡料。要挖大洞用大湯匙，小洞就用小茶匙囉！

叉子 ↑
挖蟹肉的最佳工具，連細小角裡的碎肉都能挖得乾乾淨靜。

筷子 ↑
筷子可以用來攪拌、甚至是切割較軟的食材，如煮好的蘿蔔、馬鈴薯等，也可以用來代替打蛋器。

好吃蛋豆腐密技▼ 道具篇

不用烹調，
只要切一切，淋上調味料，
色彩鮮豔、香氣四溢，
輕清爽爽，
養生又健康！

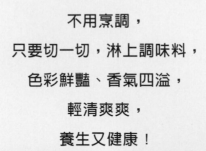

PART 1

拌的蛋、豆腐

- ■豆腐涼拌蕃茄
- ■子薑皮蛋
- ■皮蛋紅椒

好吃美容減肥餐
豆腐涼拌蕃茄

嫩嫩公式!

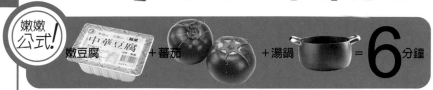

嫩豆腐　+蕃茄　+湯鍋　= **6**分鐘

4人份材料material
嫩豆腐1盒、蕃茄2個

調味料spice
■橄欖油1湯匙、豆腐乳2小塊
■香菜1支、蒜末1湯匙

GO!　作法　r e c i p e

1

蕃茄以刀尖在皮上輕劃十字,再以熱開水燙一下。

2

順著刀痕剝皮後,切薄片擺盤,豆腐也切薄片放盤子裡。

3

豆腐乳加1小塊豆腐及橄欖油、蒜末,調勻成腐乳醬,淋在豆腐上面,最後灑上香菜末即可。

OKAY!

低卡健康,養顏美容與營養兼顧,多吃也不怕長胖,實在是一舉數得。

拌的蛋豆腐▼　豆腐涼拌蕃茄

甜美的辣勁道
子薑皮蛋

嫩嫩公式！

皮蛋　＋子薑　＋手　＝**5**分鐘

4人份材料material
皮蛋4個、糖醋薑2條

調味料spice
■醋、果糖各1茶匙，麻油1湯匙、醬油膏1湯匙半
■辣椒1支、香菜2支、大蒜3粒

GO!

作法　　r e c i p e

1
皮蛋剝殼後用涼開水過濾一下，吸紙擦乾，每個蛋切成4瓣。

2
薑撕成條狀，調味料混合攪拌，加入切成細末的辣椒、香菜。

3
皮蛋與子薑置盤，將所有調味料拌勻後淋在皮蛋上即可。

拌的蛋豆腐▼　子薑皮蛋

OKAY!

糖醋薑在傳統醬菜店或超級市場都買得到，可以放很久，隨時做配稀飯吃或開胃菜都讚。

黑與紅的華麗饗宴

皮蛋紅椒

嫩嫩公式！ 皮蛋 +紅椒 +爐子 =**12**分鐘

4人份材料material
皮蛋4個、紅椒3個

調味料spice
■辣椒油1湯匙半、蠔油2湯匙、果糖1湯匙
■香菜2支、大蒜3粒

GO! 作法 recipe

1
紅椒放在爐火上烤，烤至表皮略焦，清洗並把皮剝乾淨。

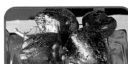

2
紅椒過涼水後以吸紙吸乾水份，全部切絲。皮蛋剝殼、切成4瓣備用。

3
香菜、大蒜切末，加調味料拌勻盛在碗裡，先淋一半的醬汁跟紅椒拌勻。

4
把皮蛋、紅椒排盤，最後淋上全部的醬汁即可。

OKAY!
宴客或者聚餐兩相宜，形狀豪華、口感又好，不須花太多時間處理。

拌的蛋豆腐▼ 皮蛋紅椒

大火快炒，

引發豆腐焦香氣息；

滑蛋熄火，

金黃蛋液柔嫩多汁，

最快速、最變化多端，

引爆料理創意的蛋豆腐做法！

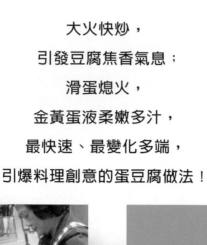

PART 2

炒的蛋、豆腐

■雪菜豆腐

■雪菜豆腐皮

■香菇豆腐

■炒臭豆腐

■蝦仁炒蛋

■滑蛋牛肉

■炒黃菜

■蛋包飯

■鹹蛋炒苦瓜

■蚵仔炒蛋

■滑蛋雞腰豆腐

鹹脆快煮料理
雪菜豆腐

嫩嫩
公式!

 板豆腐 + 雪菜 + 炒鍋 = **12**分鐘

2人份材料material
板豆腐1塊、雪菜3棵、瘦肉2兩

調味料spice
■醬油、雞精粉、太白粉各1茶匙,葵花油2湯匙,鹽、麻油少許
■辣椒2支、青蔥1支

GO! 作法 recipe

1
豆腐切丁、雪菜切小段、辣椒切斜片、青蔥切段。瘦肉切小片加麻油、鹽、太白粉醃10分鐘。

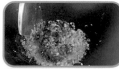

2
熱鍋冷油炒瘦肉,肉絲呈白色時起鍋。

3
油鍋裡再加一些油,爆香蔥段、辣椒、雪菜。

4
切好的豆腐輕放鍋中加入瘦肉片,放少許的水、醬油、雞精粉,蓋住鍋蓋燜3分鐘,豆腐入味、水收乾即可。

炒的蛋豆腐 ▶ 雪菜豆腐

OKAY!

眷村媽媽們的最愛,雪菜特殊的風味經常會應用到其他菜餚裡。

雪菜豆腐皮

豆皮變豆腐的魔法

炒的蛋豆腐 ▼ 雪菜豆腐皮

嫩嫩公式!

豆腐皮 ＋ 雪菜 ＋ 炒鍋 = **28** 分鐘

4人份材料material
豆腐皮5張、絞肉2兩、雪菜4支

調味料spice
■醬油、雞精粉、鹽各1茶匙，葵花油3湯匙、鹼粉1/3碗、香油少許
■毛豆2湯匙、海苔4小片

GO!

作法 recipe

1

鹼粉加5碗水拌勻，泡豆皮約20分鐘，沖水洗淨撕成片狀，1張大約撕成6片。雪菜洗淨後切粒狀、毛豆剝皮、海苔剪成絲狀。

2

油鍋燒熱炒雪菜、絞肉、毛豆、豆皮。

3

放半碗水加入小火煮，多翻炒至豆皮呈乳狀，再加調味料炒勻即可。

4

用比飯碗梢人的中碗，在碗底抹香油放海苔絲，炒好的食材盛入中碗裡壓緊、倒扣在盤子上即可。

OKAY!

素食者不須放絞肉，炒香時放花椒粒爆香就可以了。

炒的蛋豆腐 ▼ 雪菜豆腐皮

簡單快炒原味香
香菇豆腐

嫩嫩公式！

板豆腐 ＋太白粉 ＋炒鍋 ＝**12**分鐘

2人份材料material
板豆腐1個、香菇4朵、肉絲2匙

調味料spice
■醬油、香油、太白粉各1茶匙，蠔油2湯匙、葵花油3湯匙、鹽少許
■青蔥2支、辣椒1支

GO!

作法　r e c i p e

1
豆腐切片吸乾水份，沾太白粉。香菇泡軟去蒂切片、青蔥切段、大蒜拍平、辣椒切絲，肉絲醃醬油、太白粉。

2
小火煎豆腐，至兩面焦黃撈起。

3
油鍋爆香香菇、蔥段、大蒜、辣椒、肉絲，加入煎好的豆腐，放入蠔油加少許水、鹽，改小火燜3分鐘至入味，最後灑下蔥段和香油即可盛盤。

炒的蛋豆腐▼ 香菇豆腐

OKAY!

新鮮香菇及各種菇類都可以交替應用，這是素食者的最愛。

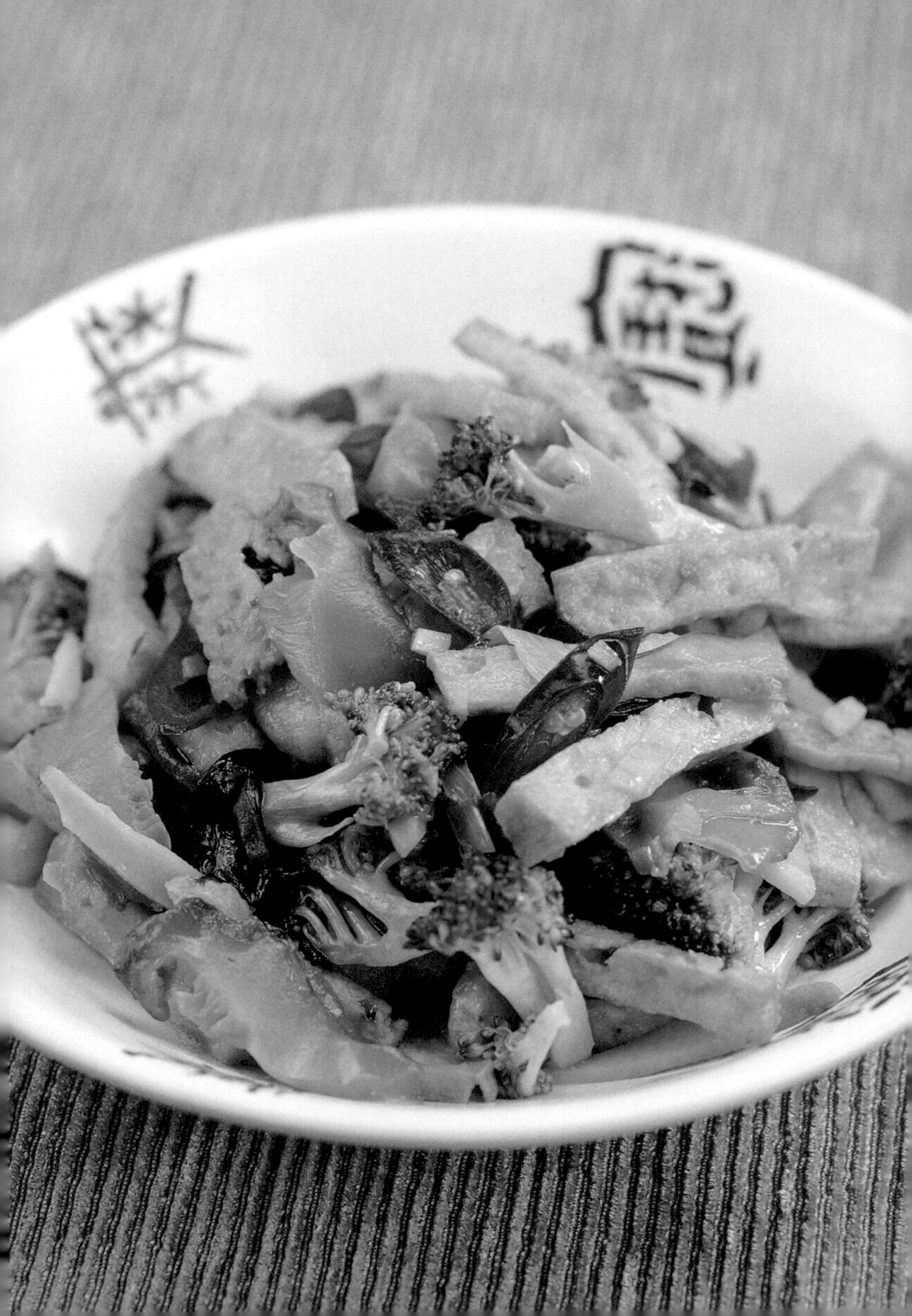

不臭反香辣豆腐

炒臭豆腐

嫩嫩公式!

臭豆腐 + 木耳 + 炒鍋 = 12分鐘

2人份材料material
臭豆腐4塊、冬筍1/2棵、香菇1朵、木耳1片、花椰菜1/3棵

調味料spice
■醬油2茶匙、雞精粉1茶匙、鹽少許
■辣椒1支、青蔥1支

GO! 作法 recipe

1
臭豆腐沖洗後切成條狀、吸乾水份,所有的材料也切成條狀。

2
油鍋燒熱,炸臭豆腐至焦黃,撈起瀝乾。

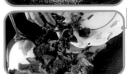

3
另起油鍋燒熱,炒蔥、香菇、辣椒、冬筍、木耳,最後放花椰菜拌炒。

4
最後加入炸好的臭豆腐、調味料,灑些水翻炒均勻,蓋住鍋蓋燜至水收乾即可。

OKAY!
做好的「炒臭豆腐」是香的,聞不出有特殊味道。

炒的蛋豆腐▼ 炒臭豆腐

紅蝦脆甜汁鮮美
蝦仁炒蛋

嫩嫩
公式!

雞蛋 +蝦仁 +炒鍋 =**5**分鐘

4人份材料material
雞蛋4個、蝦仁4兩

調味料spice
- ■鹽、雞精各1茶匙，花椒粒、太白粉各1湯匙，葵花油3湯匙、胡椒粉少許
- ■毛豆2湯匙

GO! 作法 recipe

1
雞蛋加2湯匙水打散至起泡，蝦仁去掉背上的沙泥、沾太白粉，毛豆、花椒粒過水瀝乾。

2
炸花椒粒至香味出來後撈起，放下毛豆、蝦仁翻炒幾下。

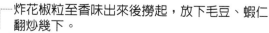

3
加入蛋汁快速炒至鬆軟，加調味料即可盛盤。

OKAY!
鬆軟的蛋搭配脆甜的紅蝦，兼具營養、色澤鮮艷，讓人看了就想吃。

炒的蛋豆腐▼ 蝦仁炒蛋

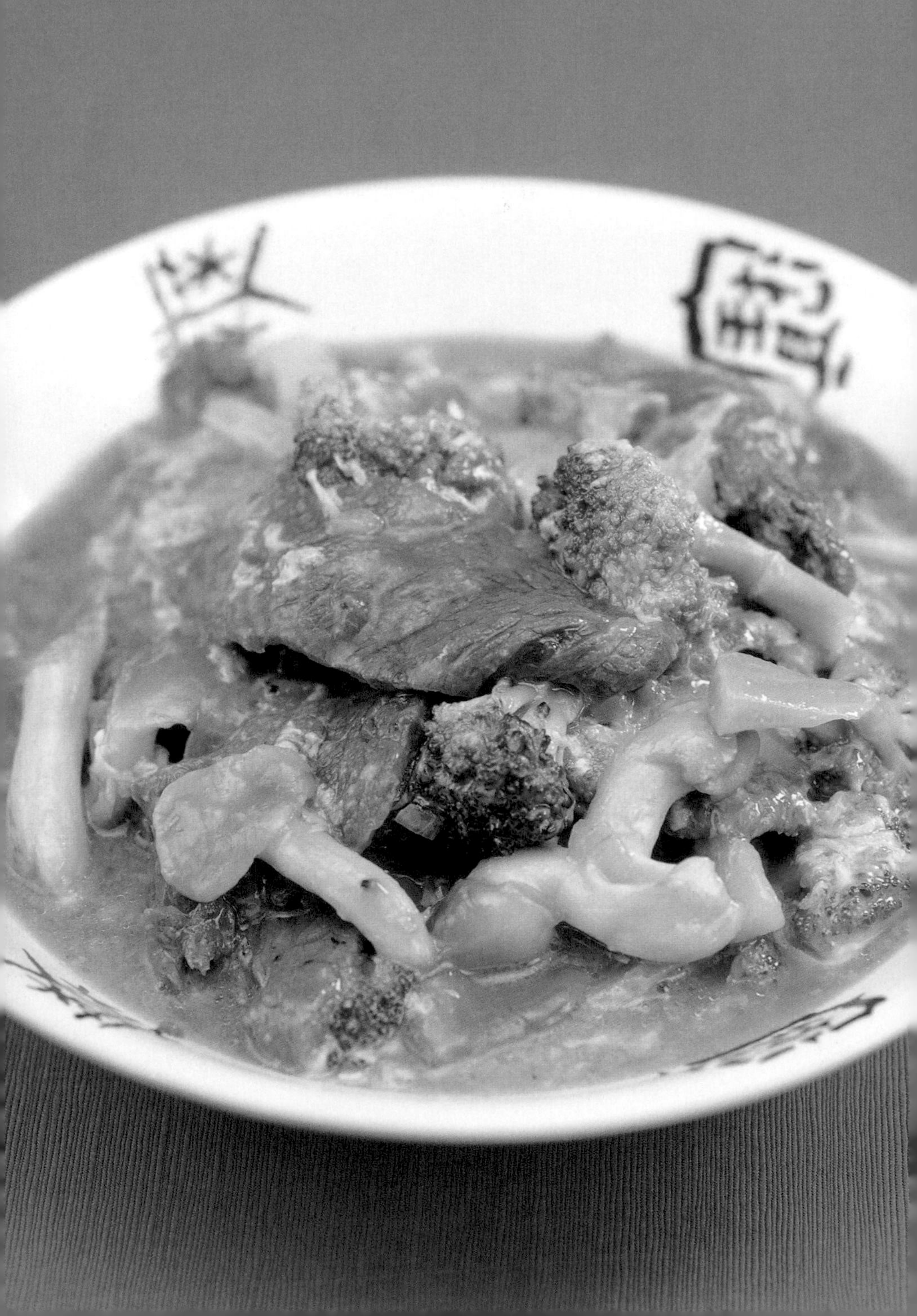

七分熟的超軟小牛排

滑蛋牛肉

嫩嫩公式!

雞蛋 + 牛肉片 + 炒鍋 = **7**分鐘

2人份材料material

雞蛋2個、牛肉4兩、鹹鮭魚2片、小鮑魚菇10片

調味料spice

■ 蠔油、雞精粉、太白粉各1湯匙，葵花油3湯匙，鹽、黑胡椒粒、麻油少許

■ 洋蔥1/4棵、青花椰菜1/2棵

GO!

作法 recipe

1

牛肉洗淨招乾，加上麻油、蠔油、太白粉拌勻醃著。鮑魚菇、花椰菜洗淨切片，鹹魚切小粒。

2

爆炒牛肉片，翻炒幾下就起鍋置盤上，免得變老。

3

另起油鍋炒洋蔥、鹹魚、花椰菜、鮑魚菇，放點水燜幾秒鐘，開大火加入牛肉片拌炒。

4

起鍋前淋下打散後的蛋汁立即關火，利用餘熱翻炒兩下即可盛盤。

OKAY!

滑蛋就是蛋汁未熟前起鍋，吃起來滑溜溜的感覺，牛肉片也變得更滑嫩可口了。

炒的蛋豆腐▼ 滑蛋牛肉

鹹鹹香香的蛋黃薯條

炒黃菜

嫩嫩公式!

生鴨蛋  +韭菜花 +炒鍋 =**8**分鐘

4人份材料material
生鴨蛋6個、雞蛋1個、韭菜花6兩

調味料spice
■雞精粉、鹽各1茶匙,葵花油4湯匙
■紅蘿蔔1/4支、木耳2片、薑絲1湯匙、辣椒1支

GO!

作法 r e c i p e

1
鴨蛋、雞蛋取蛋黃打散,紅蘿蔔、木耳、辣椒均切絲,韭菜花切段。

2
油鍋燒熱煎蛋黃,煎成薄片。

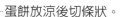

3
蛋餅放涼後切條狀。

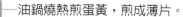

4
起油鍋爆香薑絲、辣椒,加入木耳、紅蘿蔔、韭菜花翻炒幾下,加入調味料後放蛋黃條,混合拌炒至軟即可盛盤。

OKAY!

黃菜就是蛋黃,許多菜的材料有些不需要蛋黃,為了惜物留下做這道菜,不浪費又可口。

炒的蛋豆腐 ▼ 炒黃菜

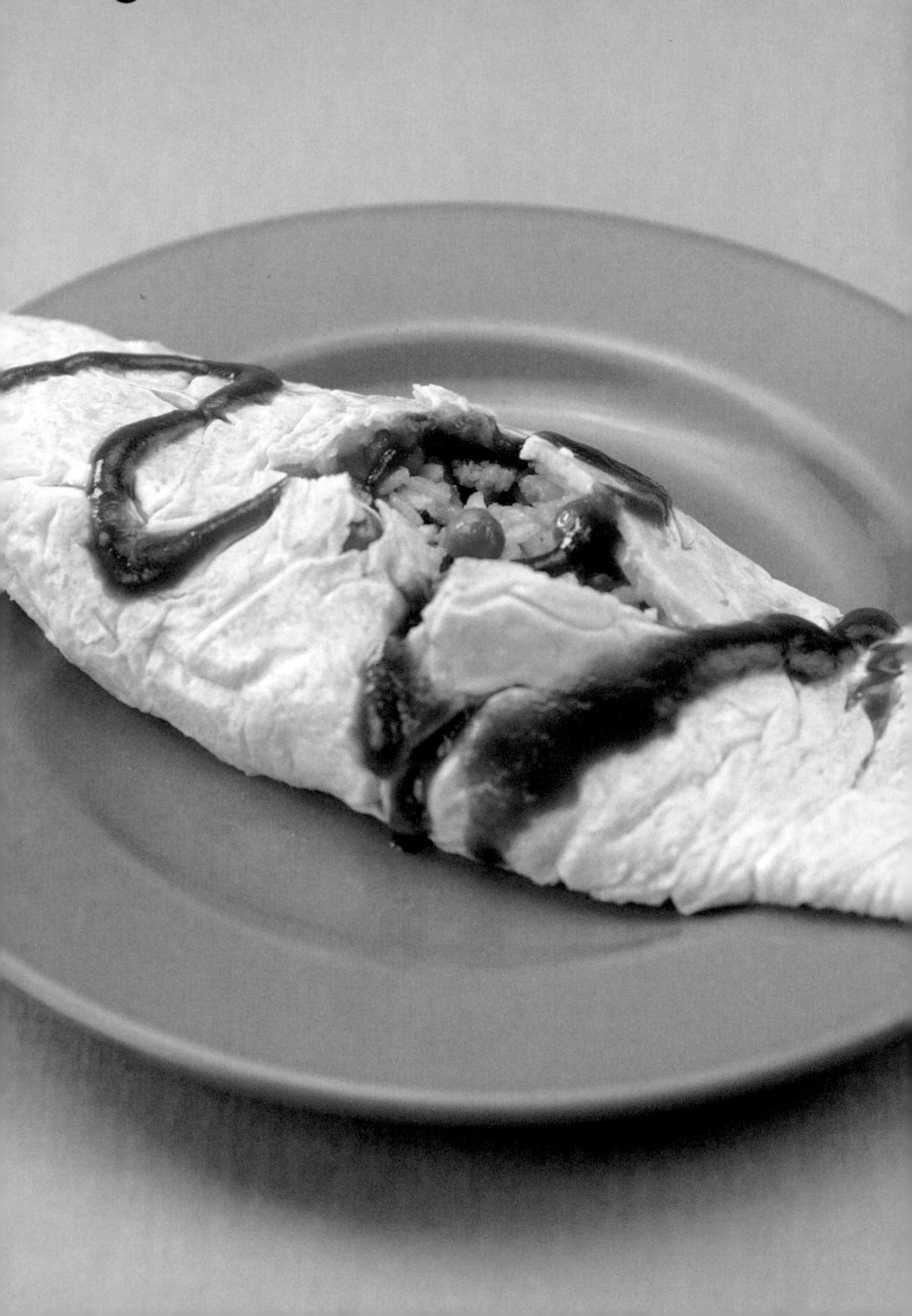

打開金黃的好吃料理

蛋包飯

 雞蛋 ＋白飯 ＋炒鍋 ＝**8**分鐘

2人份材料material
蛋2個、飯1碗、金華火腿1湯匙

調味料spice
■蠔油、蕃茄醬各1湯匙，葵花油4湯匙、味精少許
■青豆2湯匙、蔥1支

GO! 作法 recipe

1

火腿切粒，蔥也切粒，蛋打散。

2

油鍋熱油後先炒蔥粒、火腿粒、青豆以及飯，最後加入蠔油拌勻盛起。

3

油鍋放少許油，以小火煎蛋汁成蛋皮。

4

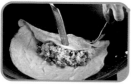

將炒好的飯放在蛋皮中間，並熄火，將兩邊的蛋皮交疊起來成圓筒形即可。

OKAY!

金華火腿特殊的香氣，很適合炒飯，一定要試一試。

炒的蛋豆腐 ▼ 蛋包飯

透明青玉甘香
鹹蛋炒苦瓜

嫩嫩公式!

熟鹹鴨蛋 + 苦瓜 + 炒鍋 = **9**分鐘

2人份材料material
熟鹹鴨蛋2個、苦瓜1條

調味料spice
■雞精粉1茶匙、葵花油3湯匙、鹽少許
■青蔥2支、大蒜3粒、辣椒1支

GO! 作法 recipe

1

熟鹹鴨蛋剝殼切小丁、苦瓜切半切斜片、青蔥切段、辣椒切斜片、大蒜切片。

2

炒香蔥段、辣椒、蒜片,加入苦瓜,淋下少許水翻炒,蓋鍋蓋燜2分鐘。

3

最後放鹹蛋,加少許鹽、雞精粉拌炒幾下即可盛盤。

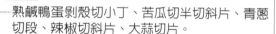
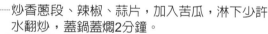

炒的蛋豆腐▼ 鹹蛋炒苦瓜

OKAY!

屬客家小炒,苦瓜不苦、鴨蛋極香,各有特色卻又相容。

海味十足的蚵仔料理

蚵仔炒蛋

 雞蛋 + 蚵仔 + 炒鍋 = **6** 分鐘

4人份材料material
雞蛋4個、蚵仔半斤、鮑魚菇8朵

調味料spice
■鹽、香油、太白粉水各1湯匙，葵花油5湯匙、胡椒粉少許
■青蔥2支

GO! 作法 r e c i p e

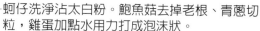

1
蚵仔洗淨沾太白粉。鮑魚菇去掉老根、青蔥切
粒，雞蛋加點水用力打成泡沫狀。

2
油鍋燒熱放油，炒蚵仔。

3
加入鮑魚菇至軟。

4
最後倒入蛋液及調味料燴炒，撒下蔥花即可。

炒的蛋豆腐▼ 蚵仔炒蛋

OKAY!
家常小菜，營養非常豐富，成長
期的兒童請多利用。

爆漿燙嘴入口滑
滑蛋雞腰豆腐

嫩嫩
公式!

 嫩豆腐 + 腰子 + 炒鍋 = **14** 分鐘

2人份材料material
嫩豆腐1塊、蛋2個、雞腰200公克

調味料spice
■鹽、雞精各1茶匙，米酒1/2碗、麻油2湯匙
■薑3片、蔥1支

GO!
作法 recipe

1

豆腐切丁、蔥切成粒狀，蛋打散。油鍋燒熱放入麻油，炸薑片至香氣出來。

2

接著放入雞腰子，倒入米酒、鹽、雞精。

3

燒滾後放入豆腐丁，轉中火燜至水乾。

4

淋上蛋液馬上熄火，小心鏟幾下利用餘溫熱一下，盛盤撒下蔥花即可。

OKAY!

做月子時最適合吃，雞腰富含荷爾蒙與蛋白質，是滋補身體的良品。

炒的蛋豆腐▼ 滑蛋雞腰豆腐

熱騰騰的燴料，

在鍋中翻騰，

透明濃稠的勾芡，

淋上白嫩豆腐的瞬間，

引爆誘人撲鼻香氣！

PART **3**

燴的蛋、豆腐

■咖哩豆腐

■海鮮豆腐

■豆瓣豆腐

■燴紅白

■椰奶豆腐

■醃魚雞粒豆腐

■豆腐肉丸子

■紅燒鯽魚豆腐

印度神秘風味
咖哩豆腐

嫩嫩公式！

板豆腐

55

2人份材料material
板豆腐1塊、馬鈴薯1/2個、紅蘿蔔1/2條、五花肉4兩

調味料spice
■咖哩塊2塊、米酒2湯匙、鹽1茶匙、葵花油1碗半、香油少許
■青蔥1支、香菜1支、洋蔥1/4個、薑片3片

GO!

作法　r e c i p e

1
五花肉加薑、酒、青蔥煮30分鐘後切小塊，豆腐、馬鈴薯、紅蘿蔔也切成小塊，洋蔥切粒。

2
葵花油燒熱，把豆腐炸至焦黃撈出、瀝乾。

3
油鍋裡多餘的油倒出僅剩2湯匙油，炒洋蔥、再放馬鈴薯、紅蘿蔔拌炒，最後加入咖哩、鹽，以及半碗水，蓋住鍋蓋燜5分鐘。

4
所有煮過的食材及炸豆腐一起燴合燜5分鐘就完成。

燴的蛋豆腐▼ 咖哩豆腐

OKAY!

燴的時候注意水是否燒乾，不夠要隨時加水。可以換牛肉、雞肉，只是煮牛肉時間必須70分鐘。

豪華無敵料理

海鮮豆腐

嫩嫩公式！

板豆腐

海參

4人份材料material
板豆腐1塊、海參1隻、蝦仁2兩、香菇2朵、毛豆2湯匙、蛤蜊半斤、玉米筍5支

調味料spice
■雞精粉、胡椒粉各1茶匙，蠔油1湯匙、葵花油3湯匙、高湯1/2罐、太白粉水1/2碗、香油少許 ■薑片3片、銀杏10粒

GO!

作法　r e c i p e

1

豆腐切成丁、海參洗去腸子切滾刀塊、蝦仁去掉背泥、香菇泡軟切片、玉米筍切斜片，銀杏泡軟。

2

油鍋燒熱炸香薑片後撈出，先炒香菇後依序加入材料，海參最後放才不會老。

3

加入調味料與高湯，燒開後用小火燜。待湯汁收乾後勾芡，倒入熱砂鍋後淋下香油即可。

OKAY!

豆腐餐裡屬這道最豪華，當然你也可以放鮑魚、干貝、魚翅之類的材料就成為宴客最佳料理囉！

燴的蛋豆腐▼　海鮮豆腐

拌飯吃的好夥伴

豆瓣豆腐

嫩嫩公式!

豆腐

7分鐘

4人份材料material
板豆腐1塊、絞肉2兩

調味料spice
■蠔油、甜麵醬各1茶匙,辣豆瓣醬1湯匙、太白粉水1/2碗
■青蔥3支、大蒜5粒、薑2片

GO!

作法 recipe

1

豆腐切丁,薑、蒜、蔥均切成粒狀。

2

油鍋燒熱後炒調味醬加薑、蒜、蔥白,炒香後擺入豆腐,鍋鏟朝下輕輕移動豆腐使其混合,加點水後蓋住鍋蓋燜3分鐘,開小火可以將時間拉長,讓它入味。

3

最後勾芡,撒下蔥粒即可。

燴的蛋豆腐▼ 豆瓣豆腐

OKAY!

只要加上麻辣粉,就變成四川招牌「麻婆豆腐」啦!

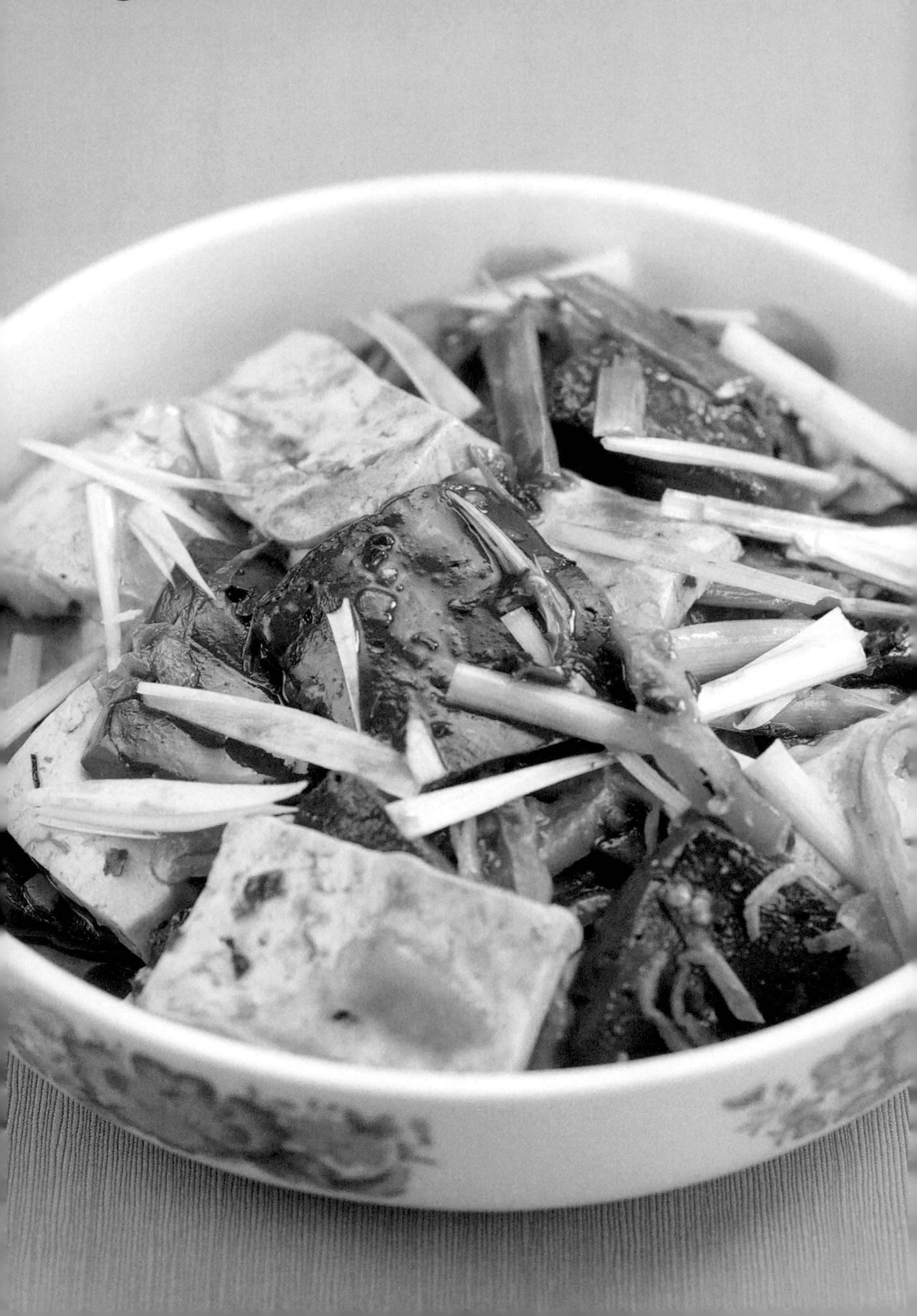

雙色豆腐鮮滋味
燴紅白

嫩嫩公式!

鴨血、板豆腐

酸菜

4人份材料material
鴨血1塊、板豆腐1塊、酸菜2片

調味料spice
■醬油、香油各1湯匙，辣豆瓣醬1湯匙半、米酒2湯匙、葵花油3湯匙
■蒜末、薑末、花椒粒各1湯匙，太白粉2湯匙、青蒜1支

GO!

作法 recipe

1
鴨血、豆腐均汆燙，冷卻後切成長片。

2
酸菜、青蒜切絲，蒜、薑切成末，油鍋燒熱後先炸花椒粒至香味出來，撈出花椒粒，放入酸菜炒蒜、薑末。

3
最後加入豆腐、鴨血、調味料，燜至入味後再撒下蒜絲拌炒即可。

OKAY!

「燴紅白」屬重口味的四川小菜，眷村四川籍媽媽們的最愛。

燴的蛋豆腐▼ 燴紅白

細滑奶香南洋風
椰奶豆腐

嫩嫩公式!

 板豆腐 + 椰奶 +  炒鍋 = **6** 分鐘

2人份材料material
板豆腐1塊、雞胸肉1片

調味料spice
■鹽、果糖、醬油各1茶匙,酒1湯匙,葵花油3湯匙、椰奶1/2罐、辣椒粉少許

GO!

作法 r e c i p e

 1

----大蒜切末,青蔥切粒,雞肉、豆腐切小塊。

 2

油鍋燒熱,爆香蔥花、蒜末,再加入雞肉、豆腐拌炒。

 3

加調味料及椰奶一起燜2分鐘,偶而用鍋鏟朝下慢慢移動,免得燒焦即可。

OKAY!

南洋風味的椰奶,上桌前撒些辣椒粉更美味。

燴的蛋豆腐 ▼ 椰奶豆腐

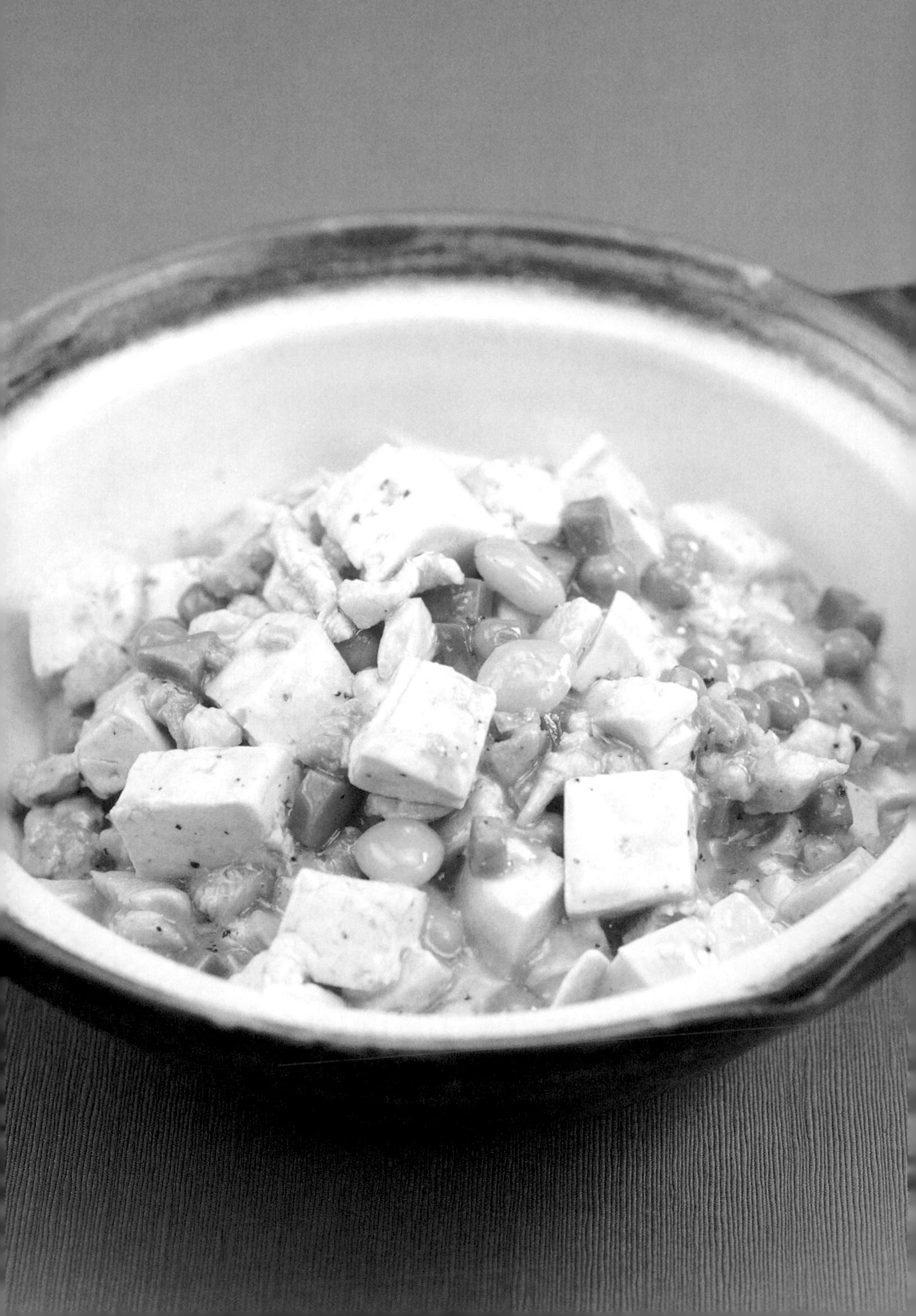

溫暖好味道
鹹魚雞粒豆腐

嫩嫩公式!

板豆腐　　　　鹹魚　　　　一般鍋　　　9 分鐘

4人份材料material
板豆腐1塊、雞胸肉1片、鹹鮭魚2片

調味料spice
■葵花油3湯匙、米酒2湯匙、醬油1湯匙、雞精粉1茶匙、太白粉水1/3碗、鹽少許
■青豆、紅蘿蔔丁各2湯匙，薑2片、熟銀杏10粒

GO!

作法　r e c i p e

1

雞肉、豆腐切丁，鹹鮭魚、紅蘿蔔切小丁，薑切成末。

2

油鍋燒熱，炒香薑末、雞肉丁、鮭魚丁、銀杏、紅蘿蔔、青豆，並加調味料。

3

加入豆腐後改小火，加點水，蓋住鍋蓋讓它慢慢入味，最後勾芡。

4

砂鍋先燒熱，將做好的豆腐煲放進砂鍋裡即可上桌。

OKAY!

砂鍋可以保溫，冬天裡做一道豆腐煲可以溫暖全身。

燴的蛋豆腐▼ 鹹魚雞粒豆腐

QQ彈彈清爽美味
豆腐肉丸子

嫩嫩公式!

豆腐

絞肉

19

4人份材料material
嫩豆腐1盒、絞肉半斤、香菇4朵、青江菜6棵、雞蛋1個

調味料spice
■米酒、香油、太白粉各1湯匙，雞精粉1茶匙、鹽1茶匙半、高湯1/2罐、太白粉水1/3碗、胡椒粉少許 ■辣椒1支、薑2片

GO!

作法 recipe

1
半盒豆腐擠乾水份，半盒切成丁塊狀，薑切成末，青江菜汆燙後放盤底。

2
絞肉加進薑末、蛋、太白粉、豆腐、鹽、胡椒粉攪拌均勻。

3
捏成丸子，蒸約15分鐘。

4
炒鍋燒熱後，高湯加1碗水煮豆腐與香菇，加調味料後勾芡，撒下辣椒絲、香油與肉丸子燴合即可。

OKAY!

丸子不要煮太久，因為之前已經蒸熟了，燴炒一下就起鍋才會嫩嫩的。

燴的蛋豆腐▼ 豆腐肉丸子

乾香魚豆腐

紅燒鯽魚豆腐

板豆腐 + 鯽魚 + 炒鍋 = **16** 分鐘

4人份材料material
板豆腐1塊、小鯽魚6尾

調味料spice
■酒1/2碗、蠔油2湯匙、醬油1湯匙、葵花油2碗、鹽少許
■蔥3支、辣椒2支

GO!

作法　r e c i p e

1
魚去除內臟，洗淨後吸乾水份。豆腐切丁、蔥切段、辣椒切絲。

2
豆腐炸至呈金黃色撈起，再炸魚，同樣也炸成金黃色。

3
油鍋放少許油，加入調味料及材料和1碗水，燒開用小火慢燉至醬汁收乾即可。

OKAY!

豆腐吸收鯽魚與調味料的鮮美，醬汁不但完全被吸收，也豐富了豆腐的品質。

燴的蛋豆腐▼　紅燒鯽魚豆腐

九轉柔腸滋味難忘
腸旺豆腐

嫩嫩
公式!

板豆腐 + 豬大腸 + 炒鍋 = **17** 分鐘

2人份材料material
板豆腐1塊、滷大腸2段、熟銀杏20粒、鴨血300公克

調味料spice
■辣豆瓣醬、蠔油各1湯匙，葵花油3匙、雞精粉1茶匙
■青蒜2支、薑片2片

GO! 作法 recipe

1
滷豬腸切斜薄片，青蒜洗淨切段，鴨血、豆腐切成片。

2
炒鍋熱過，放油煎豆腐至雙面焦黃。

3
加入鴨血、豬腸，放入調味料及少許的水後，開小火燜至入味，盛放鐵鍋容器內，灑下青蒜即可。

OKAY!
鐵鍋容器必須先燒熱，使其容器內的食物保溫，是冬天裡的最佳用具。

燴的蛋豆腐▼ 腸旺豆腐

有蛋有豆腐，

全部打散揉一揉，

捏一捏，

壓得扁扁煎一煎，

揉成一球炸一炸，

滋滋油香，

好味道！

PART 4

煎的炸的蛋、豆腐

■炸脆豆腐

■豆腐可樂餅

■蝦仁豆腐捲

■漢堡豆腐餅

■蛋捲鮪魚餅

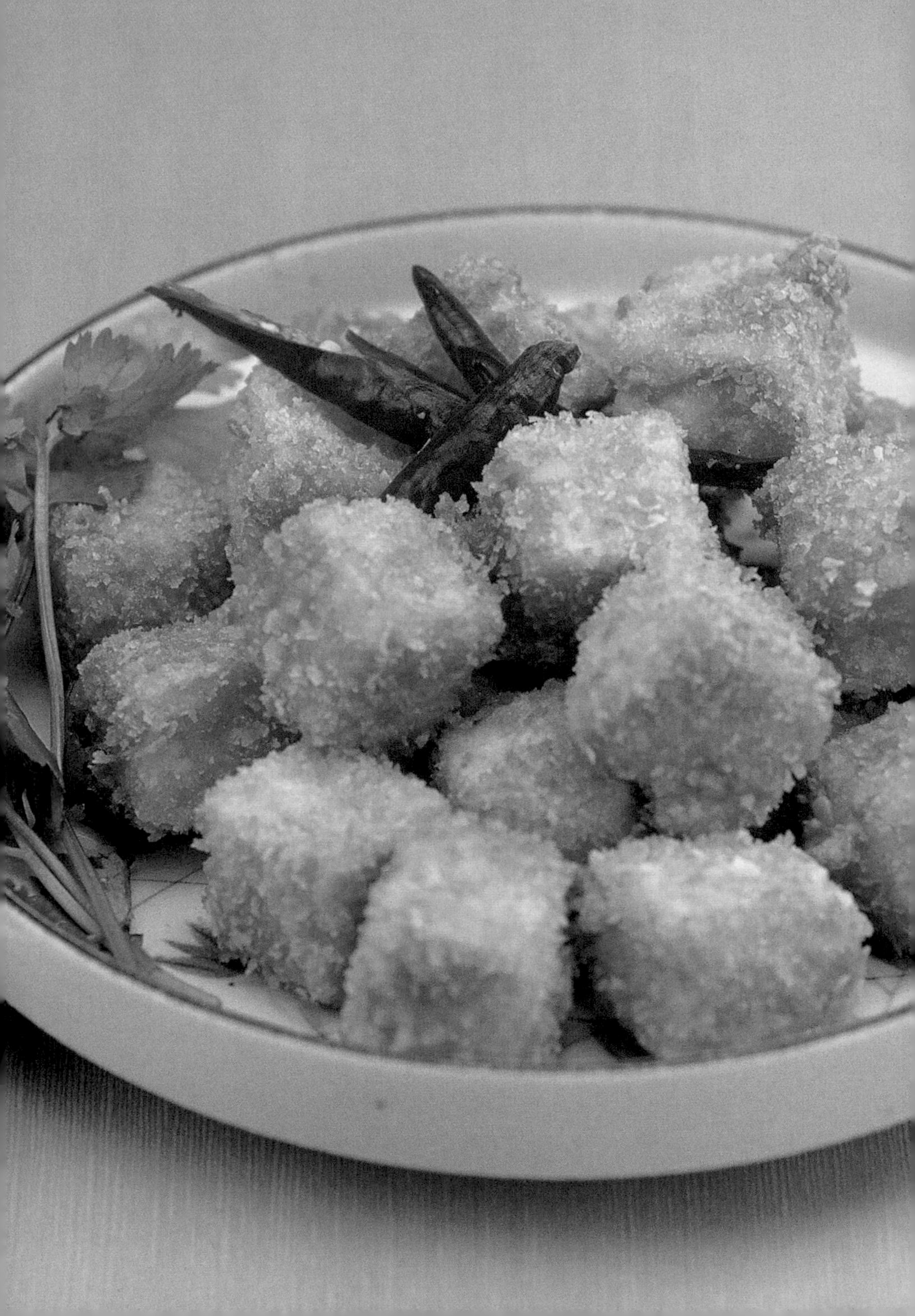

泡沫紅茶店頭牌點心
炸脆豆腐

嫩嫩公式!

板豆腐　＋麵包粉　＋炒鍋　＝9分鐘

4人份材料material
板豆腐1塊、雞蛋1個

調味料spice
■蕃茄醬、麵粉各2湯匙，胡椒鹽1湯匙、葵花油5碗、麵包屑1碗

GO!
作法　r e c i p e

1
豆腐切成丁，一顆顆沾上麵粉。

2
沾完麵粉，裹上蛋液。

3
全部的豆腐再裹上麵包屑。

4
油鍋燒熱，以小火5、6塊地陸續放入油鍋，
炸至金黃色即可，撈起瀝乾就完成了。

OKAY!

調味料可以依喜好準備多種變
化，蒜蓉、蕃茄醬、胡椒粉，都
很美味。

煎的炸的蛋豆腐▼　炸脆豆腐

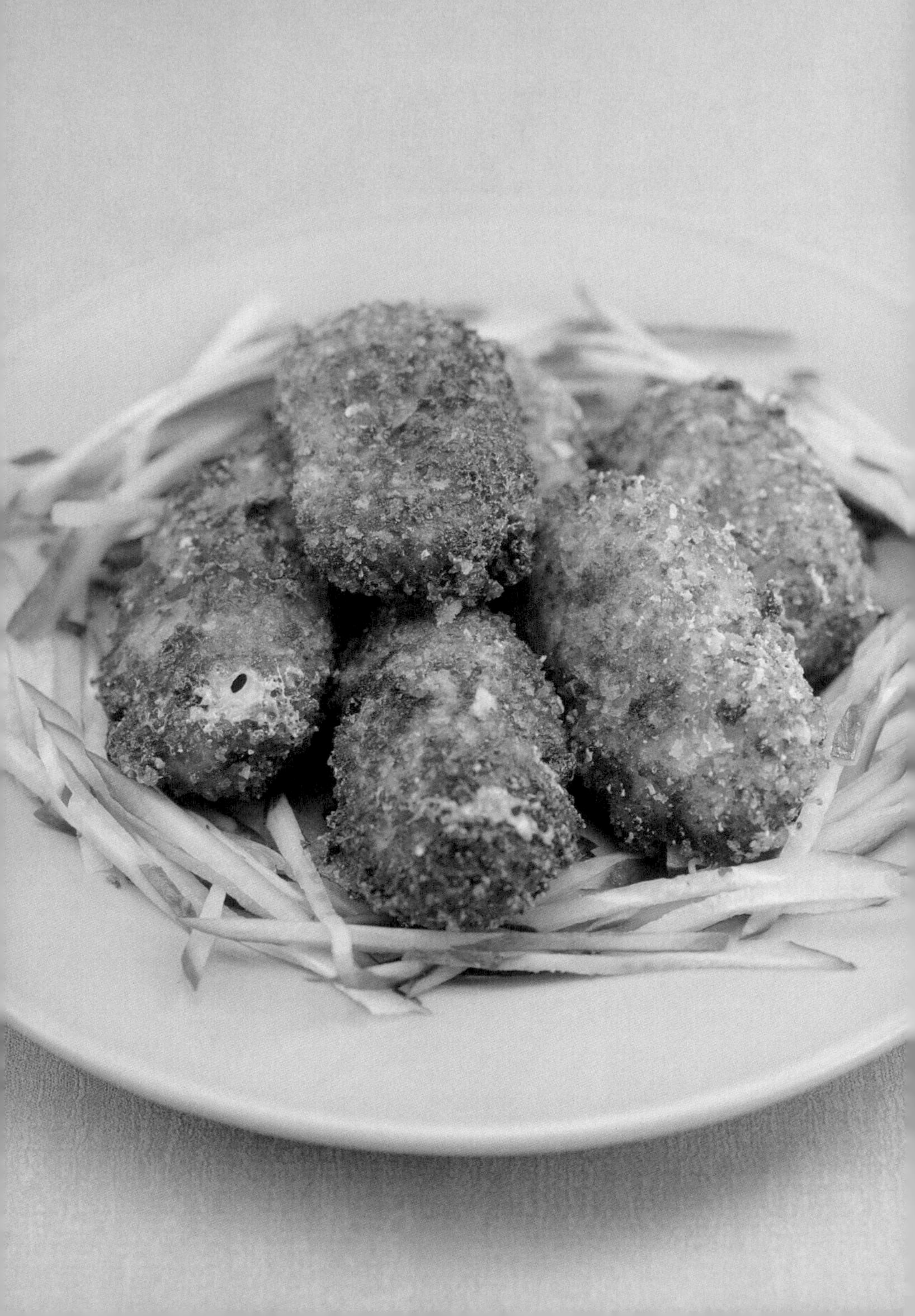

圓滾滾的奶香
豆腐可樂餅

嫩嫩
公式!

板豆腐 ＋起司片 ＋炒鍋 ＝**13**分鐘

4人份材料material
板豆腐1塊、雞蛋2個、起司2片

調味料spice
■果糖2湯匙、花生油5碗、麵包粉1碗、玉米粉1/2碗，鹽、胡椒粉、番茄醬少許
■小黃瓜2條、青豆3湯匙

GO!

作 法 r e c i p e

1
青豆煮熟放涼水後捏破，起司切小片狀，雞蛋打散，小黃瓜切絲。豆腐用紗布包住擠出水分，與青豆、玉米粉、果糖、鹽拌均勻。

2
捏成一團加上起司條，捏成可樂餅狀。

3
將可樂餅一一沾上蛋液，再沾麵包屑。

4
油鍋放油燒熱後，以中火炸可樂餅至焦黃即可。

OKAY!

豆腐也可以做成甜點當成零食，不喜歡吃豆腐的孩童就被騙了。

煎的炸的蛋豆腐▼ 豆腐可樂餅

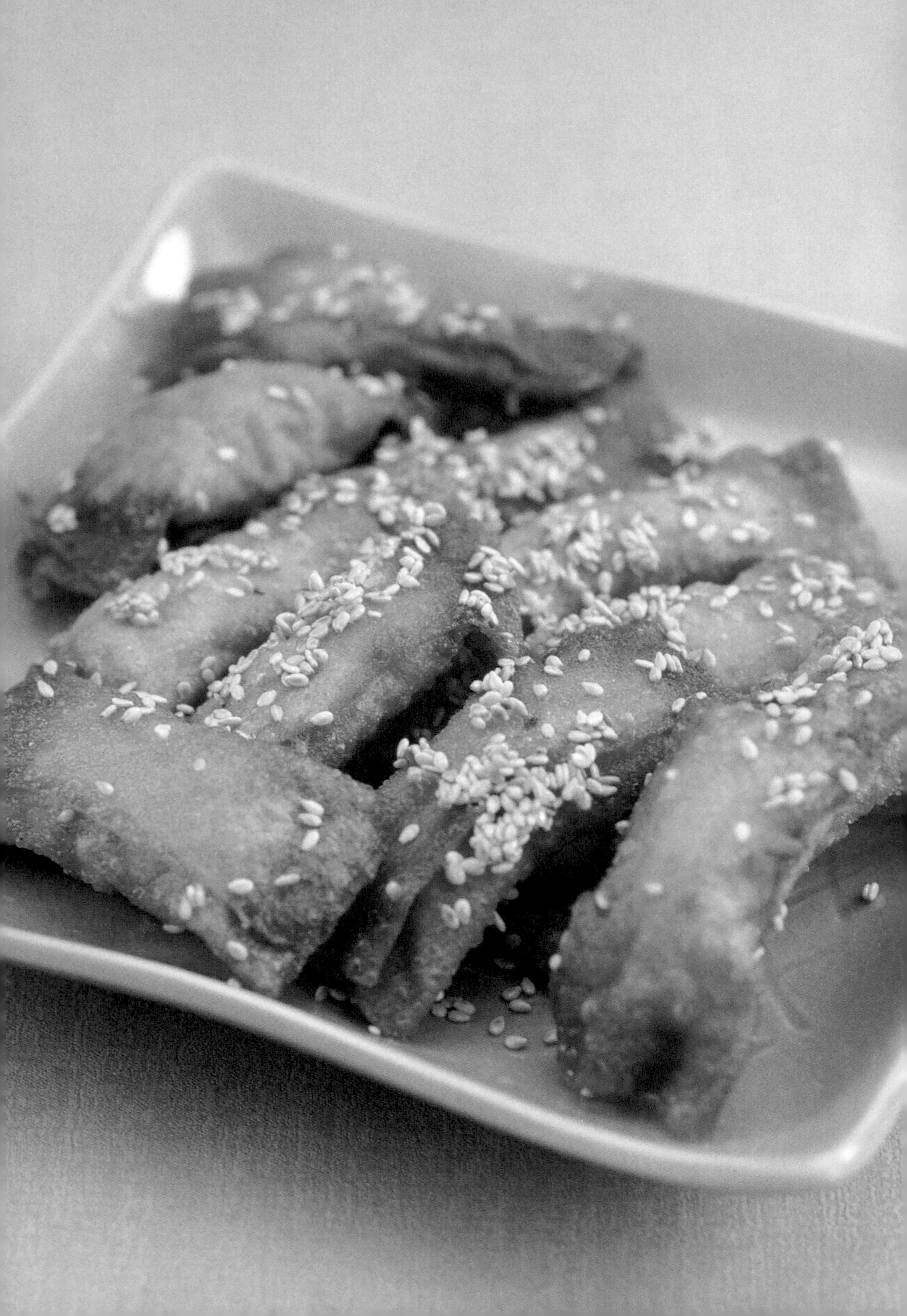

彈脆春捲
蝦仁豆腐捲

嫩嫩公式!

板豆腐 ＋餛飩皮 ＋炒鍋 ＝11分鐘

4人份材料material
板豆腐1/2塊、蝦仁2兩、餛飩皮8張

調味料spice
■果糖、鹽、醋各1茶匙,花生油5碗、胡椒粉少許
■青蔥1支、白芝麻1湯匙

GO!

作法　r e c i p e

1

板豆腐用紗布包住擠出水分、蝦仁剁成泥、青蔥切末,全加上調味料拌勻。

2

餛飩皮四邊沾水包餡。

3

油鍋燒熱後用中火炸豆腐捲,炸至焦黃撈起。

4

將豆腐捲沾白芝麻即可。

OKAY!

多做些放冰庫可存放1個月左右,油炸前須退冰後才可入油鍋。

煎的炸的蛋豆腐▼　蝦仁豆腐捲

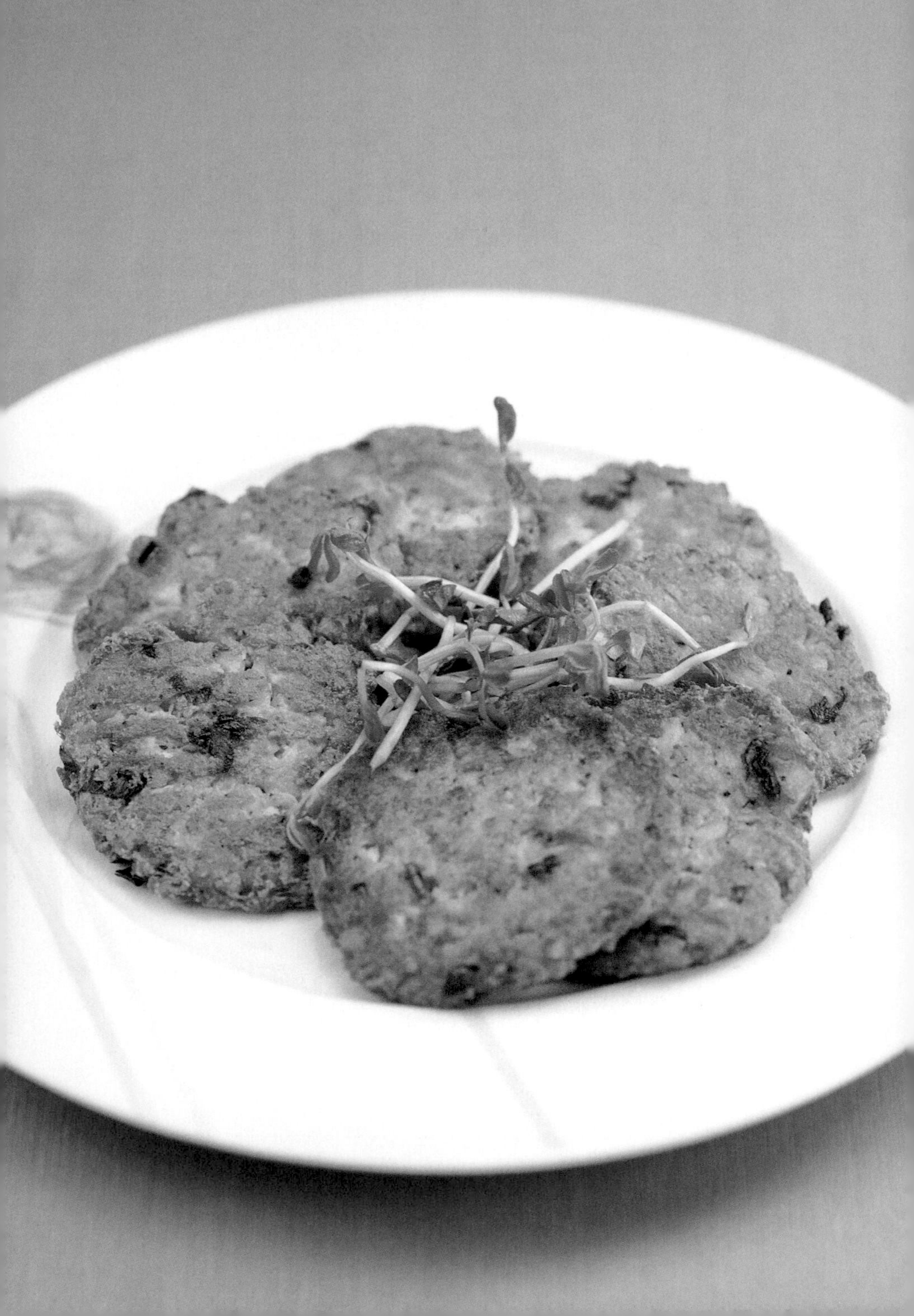

薄薄鬆脆鹹餅乾

漢堡豆腐餅

嫩嫩
公式！

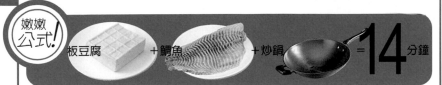

板豆腐 ＋鯛魚 ＋炒鍋 ＝**14**分鐘

4人份材料material
板豆腐1塊、蛋1個、鯛魚1/3尾、馬鈴薯1/2塊

調味料spice
■香油1茶匙、胡椒粉2茶匙、玉米粉2湯匙、葵花油3湯匙、鹽少許
■薑末、蔥末各1茶匙

GO!

作法　r e c i p e

1

魚肉剁成泥、豆腐捏乾水份。

2

馬鈴薯煮熟搗成泥，蔥薑切成末。

3

所有材料與調味料拌均勻，用手捏成乒乓球狀。

4

油鍋燒熱放少許油，以小火將球狀的餡一個一個用鍋鏟壓平煎，雙面煎至焦黃即可。

OKAY!

乍看之下以為是餅乾，可以夾在麵包裡加些生菜，吃起來自有它特殊的風味。

煎的炸的蛋豆腐▼　漢堡豆腐餅

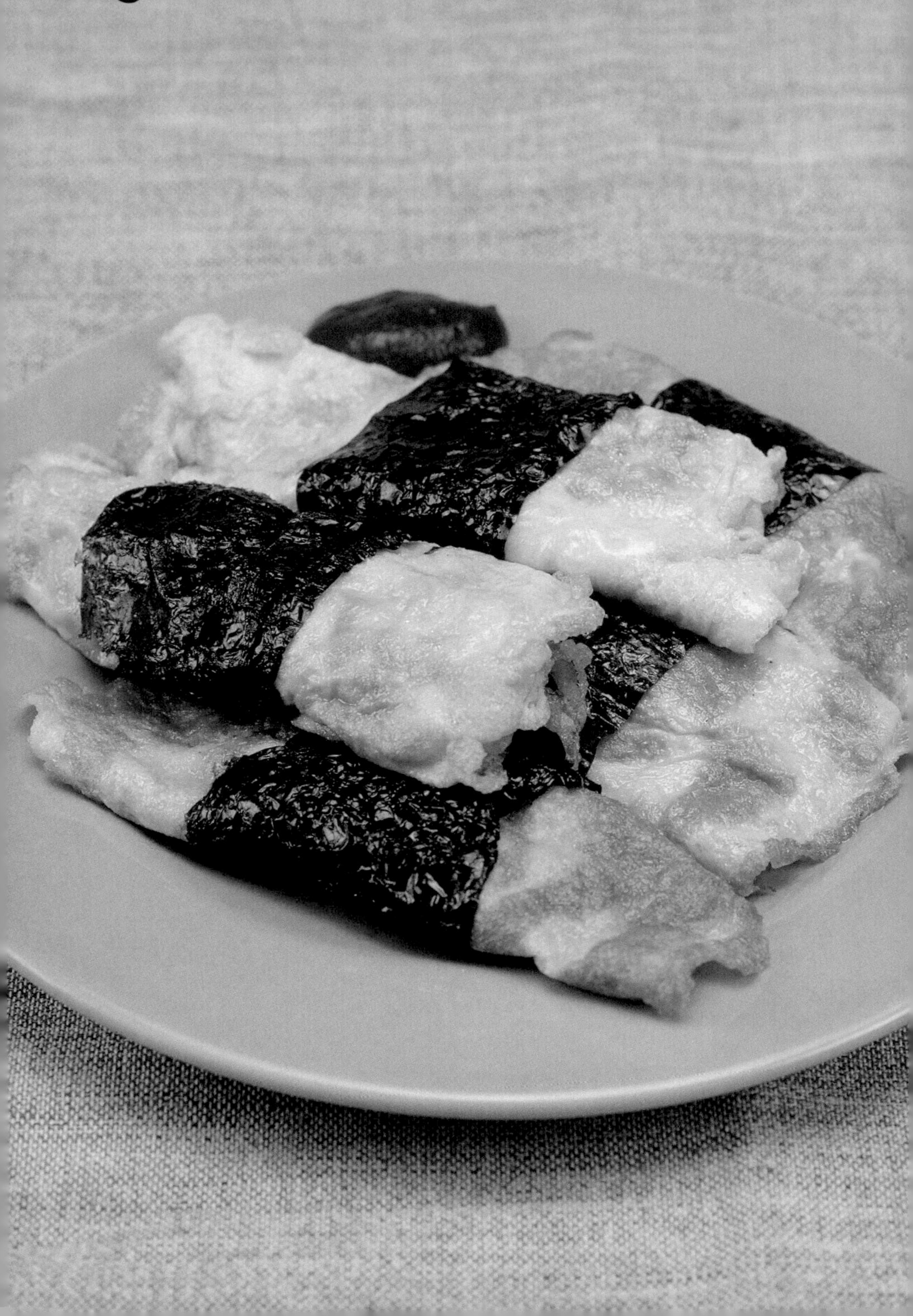

營養點心捲
蛋捲鮪魚餅

嫩嫩
公式!

雞蛋　+水餃皮　+桿麵棍　＝**12**分鐘

5人份材料material
雞蛋5個、水餃皮5片、鮪魚1罐

調味料spice
■醬油膏、蕃茄醬各2湯匙，葵花油5湯匙
■海苔1大張

GO!

作法　r e c i p e

1
餃子皮灑些蔥花用麵棍桿平，雞蛋打散，海苔剪5公分寬。

2
油鍋燒熱放1湯匙油，倒入1個蛋的蛋汁，慢火煎成蛋皮。

3
麵皮放在蛋皮上一同翻面，煎約20秒。

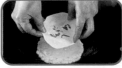

4
再翻回正面放鮪魚就熄火，將蛋皮捲成圓筒型，海苔包仕外圍即可盛盤。

OKAY!

可多換不同材料，如玉米粒、培根火腿，依口味變化。沾醬汁熱食最好。

煎的炸的蛋豆腐▼　蛋捲鮪魚餅

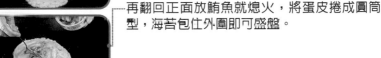

原味鮮甜，

全都包裹在小小的蒸籠裡，

擺上豆腐、加上煮好的材料，

一起蒸一蒸，

掀開鍋蓋的瞬間，

看見在蒸騰霧氣彼端幸福的臉！

PART 5

蒸的蛋、豆腐

■豆腐蒸蝦

■油豆腐鑲肉

■荷葉豆腐

■蒸臭豆腐

■蟹黃豆腐

■鹹蛋蒸肉球

■鮮貝蒸蛋

■三色蛋

■粉絲蛋

■翠綠豆腐鑲肉

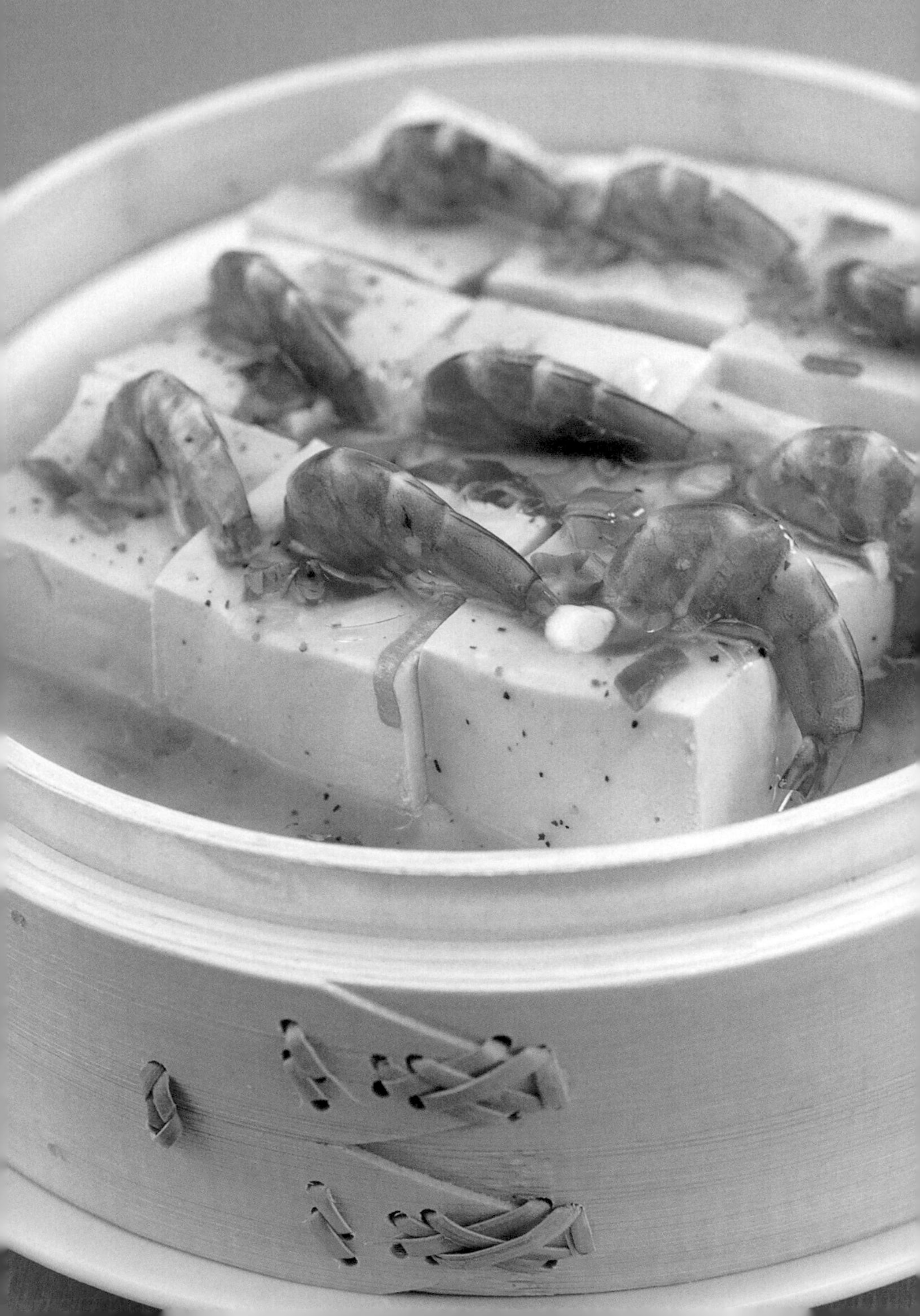

雲中遊龍躍上九重天
豆腐蒸蝦

 嫩嫩公式!

嫩豆腐 ＋蝦子 ＋蒸籠 ＝**30**分鐘

4人份材料material
嫩豆腐1塊半、明蝦9隻

調味料spice
■香油、雞精各1茶匙，鹽1茶匙半、太白粉1湯匙、米酒2湯匙、高湯1/2罐、胡椒粉少許　■蔥2支、薑2片

GO!　作 法　r e c i p e

1

明蝦去掉頭、背上的泥，泡在酒、薑泥、蔥末、調味料裡10分鐘。

2

豆腐切井字變成9個方塊，以湯匙在上面挖一個小洞。

3

泡好的明蝦頭朝下插在豆腐上，用小蒸籠蒸約15分鐘。

4

高湯燒開勾芡加鹽、雞精後，淋在蒸好的豆腐上，灑下蔥花、香油即可。

OKAY!

宴客時做一道「豆腐蒸蝦」老少咸宜，最好趁熱食用。

蒸的蛋豆腐▼ 豆腐蒸蝦

三角豆腐包
油豆腐鑲肉

嫩嫩公式!

油豆腐 ＋荸薺 ＋湯匙 ＝**20**分鐘

2人份材料material
油豆腐8個、荸薺5個、絞肉2兩

調味料spice
■ 太白粉、香油各1茶匙，高湯1/2罐、太白粉水1/2碗，雞精粉、鹽、胡椒粉少許
■ 豌豆嬰1碗、青豆8個

GO!　作法　r e c i p e

1
荸薺切碎用紗布包住捏乾水份，加入絞肉、調味料、太白粉拌勻做成肉餡。

2
從豆腐中間挖出豆腐，呈中空狀，小心不要弄破豆腐皮。

3
肉餡塞入挖空的豆腐皮，青豆放中間，做成豆腐包。

4
豆腐包蒸約20分鐘，同時用另一鍋加高湯、豌豆嬰後勾芡，淋在豆腐包上即可。

OKAY!
可以多做些放冷凍庫，如同水餃一樣，取用時放入蒸籠多蒸10分鐘，一樣好吃。

蒸的蛋豆腐 ▼ 油豆腐鑲肉

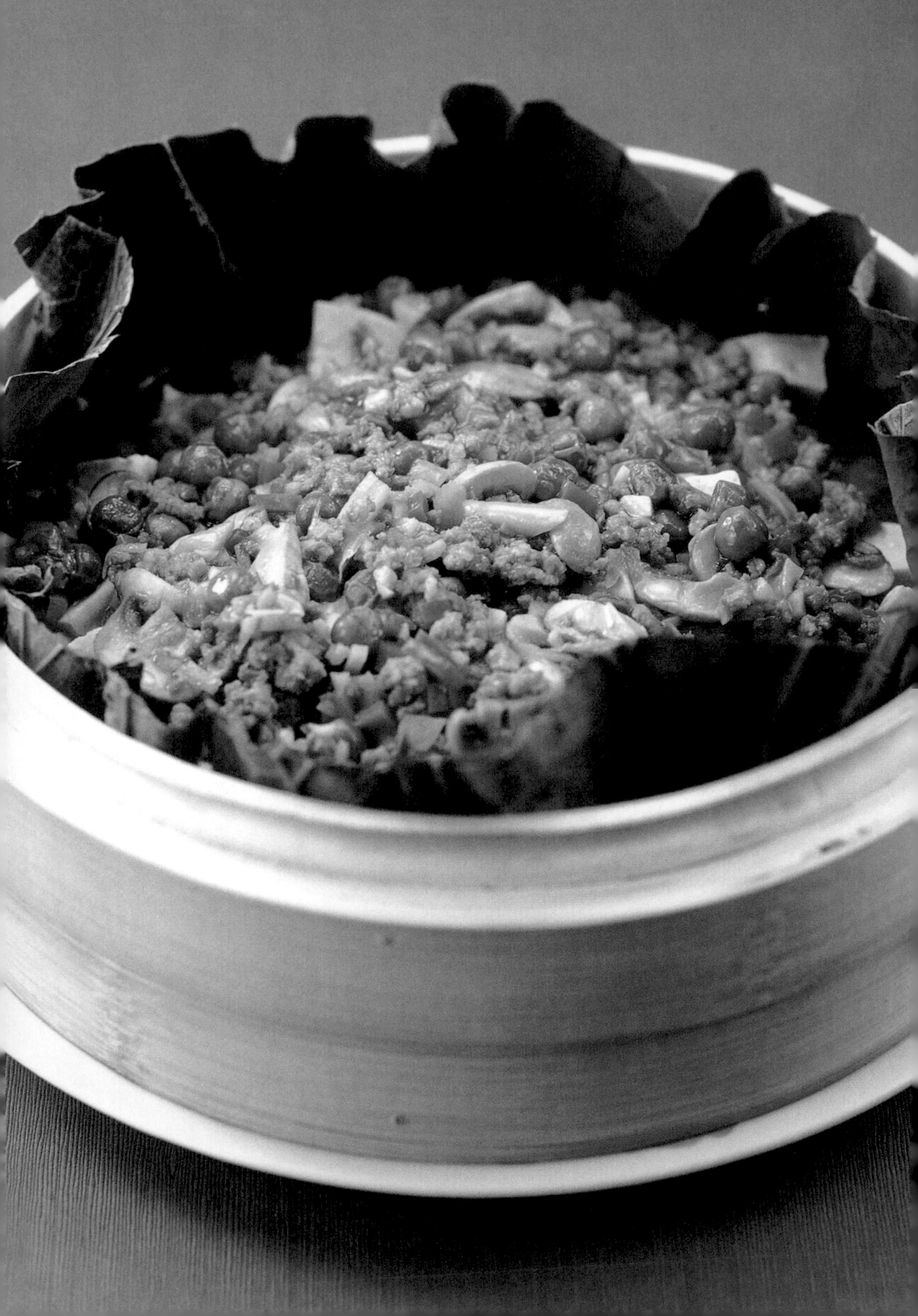

荷花池畔香醉人
荷葉豆腐

嫩嫩 公式!

嫩豆腐 ＋荷葉 ＋蒸籠 ＝**30**分鐘

2人份材料material
嫩豆腐1盒、荷葉1張、絞肉2兩

調味料spice
■辣豆瓣醬、蠔油、香油各1湯匙，鹽少許、雞精粉1茶匙、太白粉水1/3碗、葵花油3湯匙　■洋菇6朵、紅蘿蔔丁1湯匙、青豆2湯匙、大蒜4粒

GO!　作法　r e c i p e

1
荷葉洗淨後用熱水燙一下，剪成圓形舖在蒸籠裡。

2
洋菇切片、紅蘿蔔切丁、大蒜切粒，嫩豆腐切丁後擺在荷葉上。

3
炒鍋燒熱後炒香蒜粒、絞肉、洋菇、紅蘿蔔、青豆加調味料後勾芡。

4
將勾芡淋在豆腐上，蒸約20分鐘，上桌前淋些香油即可。

OKAY!

荷葉香自有它特殊的風味，荷葉在中藥行可以買到。

蒸的蛋豆腐▼　荷葉豆腐

越臭越香
蒸臭豆腐

嫩嫩
公式!

 臭豆腐　+ 米酒 + 炒鍋 = **17**分鐘

2人份材料material
原味臭豆腐

調味料spice
■醬油、辣豆瓣醬、雞精粉各1茶匙,麻油2茶匙、米酒1湯匙
■青蒜、辣椒、青蔥各1支,乾香菇2朵、薑2片

GO! 作法 recipe

1
香菇泡水,與青蒜、薑、辣椒一同切成絲。

2
麻油炒香後加上調味料一起炒。

3
臭豆腐洗淨放在蒸盤上,淋下米酒與炒香的材料,蒸約15分鐘後撒下蔥花即可。

蒸的蛋豆腐▼ 蒸臭豆腐

OKAY!
臭豆腐須熱食,放砂鍋或小火鍋裡熱著吃,熱辣的滋味很過癮。

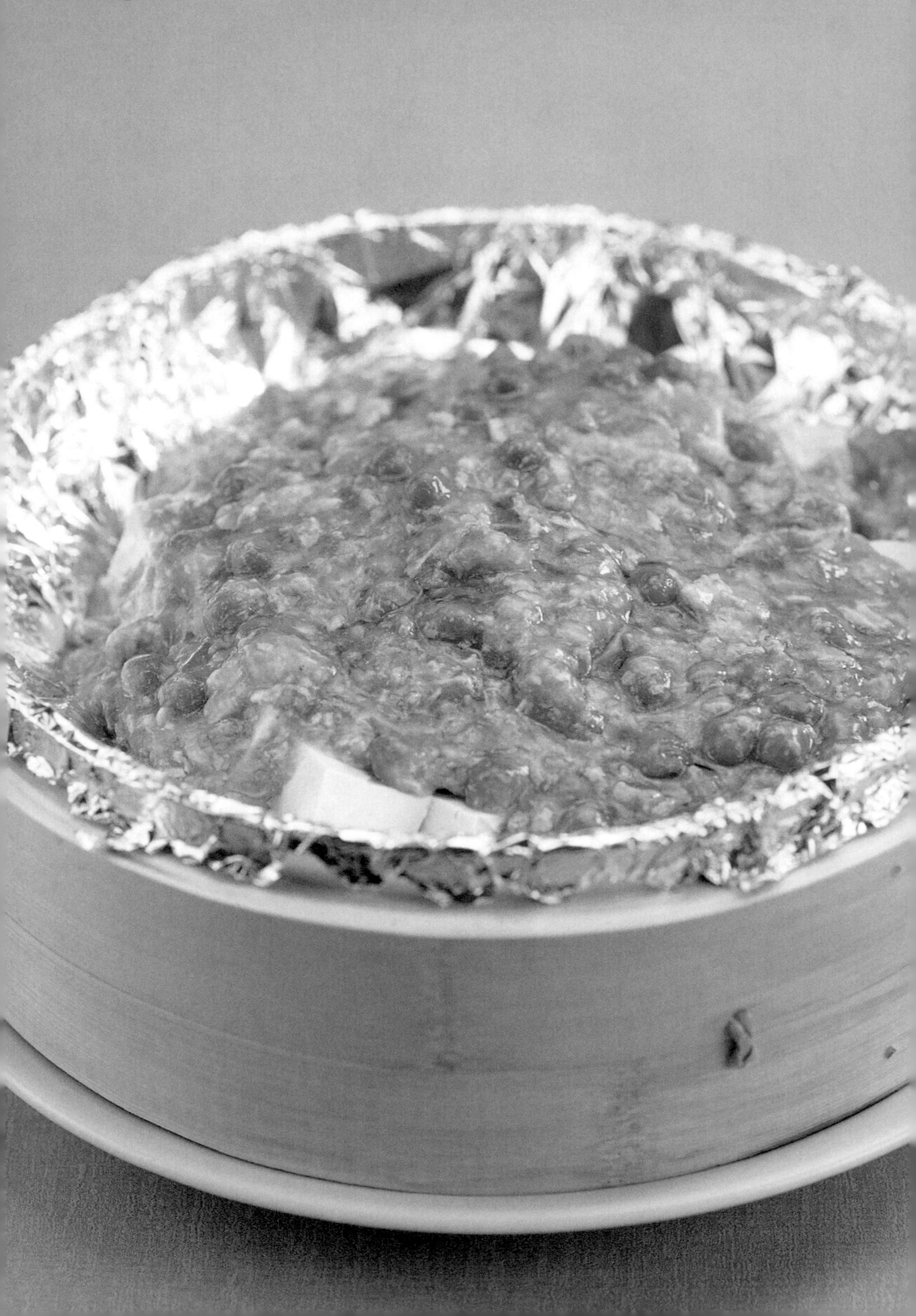

翡翠芙蓉香
蟹黃豆腐

嫩嫩
公式！

嫩豆腐 +紅蟳 +叉子 =**30**分鐘

2人份材料material

嫩豆腐1盒、紅蟳3隻

調味料spice

■麻油、太白粉水各2湯匙，米酒1湯匙，鹽、胡椒粉各1茶匙
■薑4片、青豆2湯匙、青蔥1支

GO! 作法 recipe

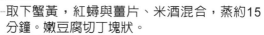

1

取下蟹黃，紅蟳與薑片、米酒混合，蒸約15分鐘。嫩豆腐切丁塊狀。

2

蒸出來的湯汁必須留下，取下蟹肉。

3

用一蒸籠鋪上錫箔紙，將嫩豆腐放在上面。

4

油鍋燒熱，放麻油炒薑片，炸香後薑片取出，放入青豆、蟹肉、蟹黃、湯汁、鹽、胡椒粉。最後勾芡倒入蒸籠裡，大火蒸約10分鐘即可。

OKAY!

紅蟳用這種方法烹調可留住鮮味，又因為必須熱食，蒸籠是最佳器皿。

蒸的蛋豆腐▼ 蟹黃豆腐

鹹蛋蒸肉球

宴客前菜最佳料理

嫩嫩公式！

 生鹹鴨蛋 ＋  絞肉 ＋ 蒸籠 ＝ **22** 分鐘

4人份材料material

生鹹鴨蛋4個、絞肉200克、大白菜1/3棵、洋菇6朵

調味料spice

■ 蠔油2茶匙、雞精1茶匙、高湯1罐、太白粉1/2碗，胡椒粉、鹽、香油少許
■ 薑、蔥粒各1湯匙，香菜2支

GO!

作法　recipe

1

生鹹鴨蛋取蛋清，蛋黃留作他用。蔥、薑切成末，洋菇切片，大白菜切絲。

2

絞肉與蛋清、太白粉、蠔油、胡椒粉、鹽、蔥、薑一起拌勻。

3

餡料捏成乒乓球狀，蒸15分鐘。

4

高湯加1碗水，燒開後放大白菜絲、洋菇至軟，勾芡淋在肉球上，再灑下香菜、香油即可。

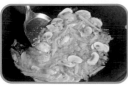

OKAY!

蛋黃可以做炒黃菜，也可做三色蛋，避免浪費丟棄可惜。

蒸的蛋豆腐▼　鹹蛋蒸肉球

一碗一個鮮美豐富
鮮貝蒸蛋

嫩嫩公式!

雞蛋  ＋干貝 ＋蒸籠 ＝ **15** 分鐘

2人份材料material
雞蛋2個、干貝2個、銀杏6粒(熟)

調味料spice
■鹽1/2茶匙、雞精粉1茶匙、水1/2碗、香油少許
■枸杞20粒、香菜1支

GO!

作法 recipe

1

干貝泡水，軟後撕成絲。銀杏泡水並煮熟，枸杞沖水瀝乾。

2

雞蛋打散加入鹽、雞精粉、半碗水、銀杏、干貝、枸杞，全部攪拌均勻。

3

蛋液倒入小杯中蒸約10分鐘，灑入香菜、香油即可。

OKAY!

茶碗蒸可隨意放喜歡的食材，香菇、海鮮、魚露、XO醬，味道鮮美，不妨試試。

蒸的蛋豆腐▼ 鮮貝蒸蛋

蛋的拼圖遊戲
三色蛋

嫩嫩公式!

鹹蛋、皮蛋、雞蛋 + 刷子 = **25** 分鐘

4人份材料material
雞蛋2個、熟鹹鴨蛋1個、皮蛋1個

調味料spice
■ 鹽、香油少許
■ 豌豆嬰15支

作法 recipe

GO!

1
蛋糕模用小刷子擦香油抹勻,蒸熟後才不會黏底,方便倒扣出來。

2
鹹蛋、皮蛋剝殼後用涼開水過濾,並擦乾切成小丁。雞蛋打散加鹹蛋、皮蛋、鹽少許,平均拌勻。

3
倒入蛋糕模中蒸約15分鐘,待涼後倒扣。

4
切片裝盤即可。

OKAY!

美麗的三色蛋,就是三種蛋的組合,切片後像圖畫般地引人入勝。

蒸的蛋豆腐 ▼ 三色蛋

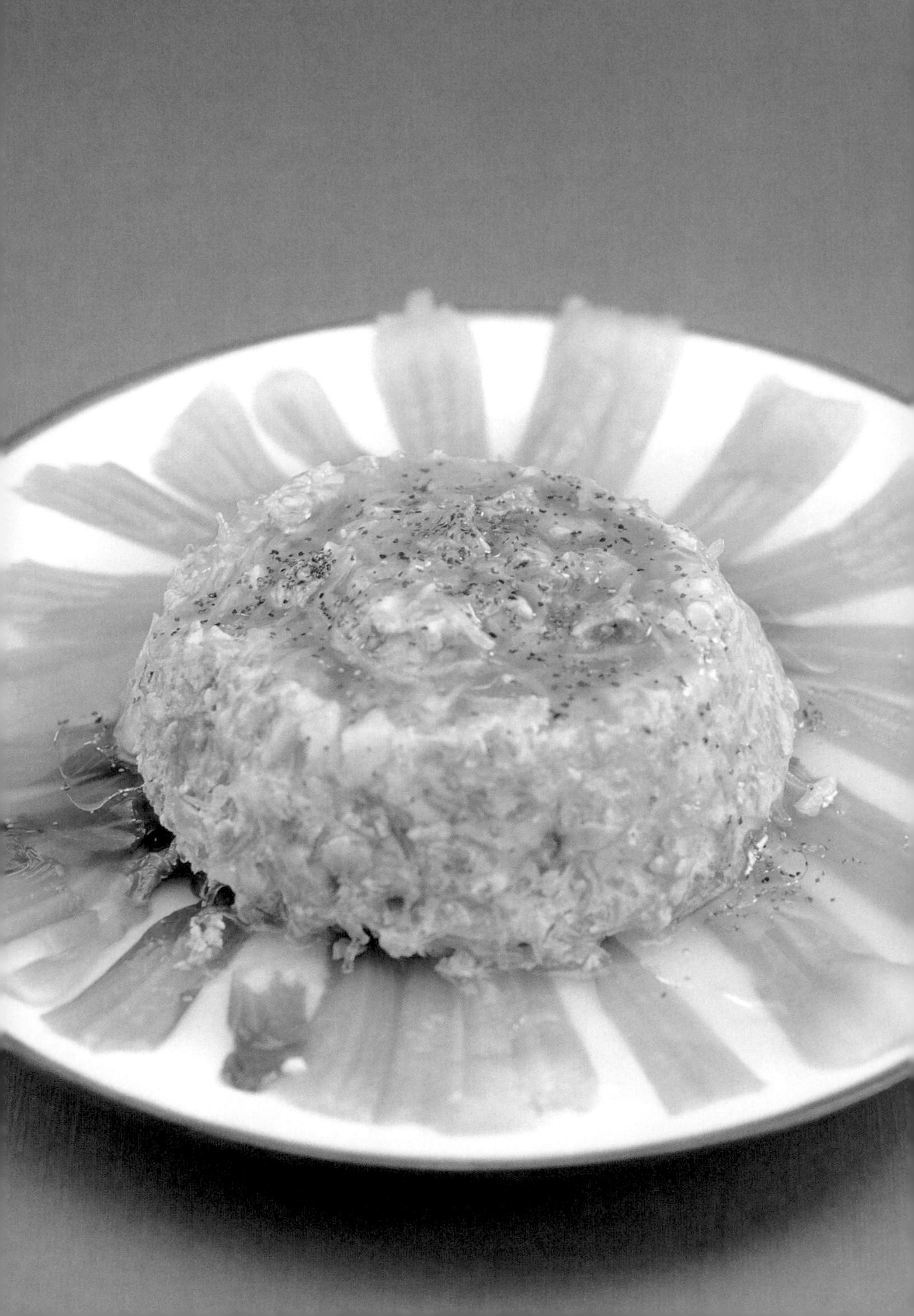

不像粉絲像蛋糕

粉絲蛋

嫩嫩公式！

雞蛋 ＋粉絲  ＋蒸籠 ＝**20** 分鐘

4人份材料material
板豆腐1/2塊、雞蛋2個、粉絲1把、青江菜6棵

調味料spice
■鹽、雞精粉、醬油各1茶匙，香油2湯匙、太白粉水1/2碗、高湯1/2罐、辣椒粉少許
■蝦米10粒、荸薺4個

GO! 作法 recipe

1

粉絲泡水，泡軟後剁細。荸薺切細擠掉水份，豆腐用手捏掉水份就可以不必擠得太乾，蝦米剁細，青江菜洗淨後氽燙排在盤底。

2

所有材料拌合調味料，放在抹了油的中碗，蒸約15分鐘後倒扣在盤子上。

3

高湯燒開太白粉水勾芡，淋在粉絲蛋上即可，再撒些許辣椒粉更可口。

蒸的蛋豆腐▼ 粉絲蛋

OKAY!
宴客做一道粉絲蛋表示做主人待客的誠意與隆重，看來豪華又可口。

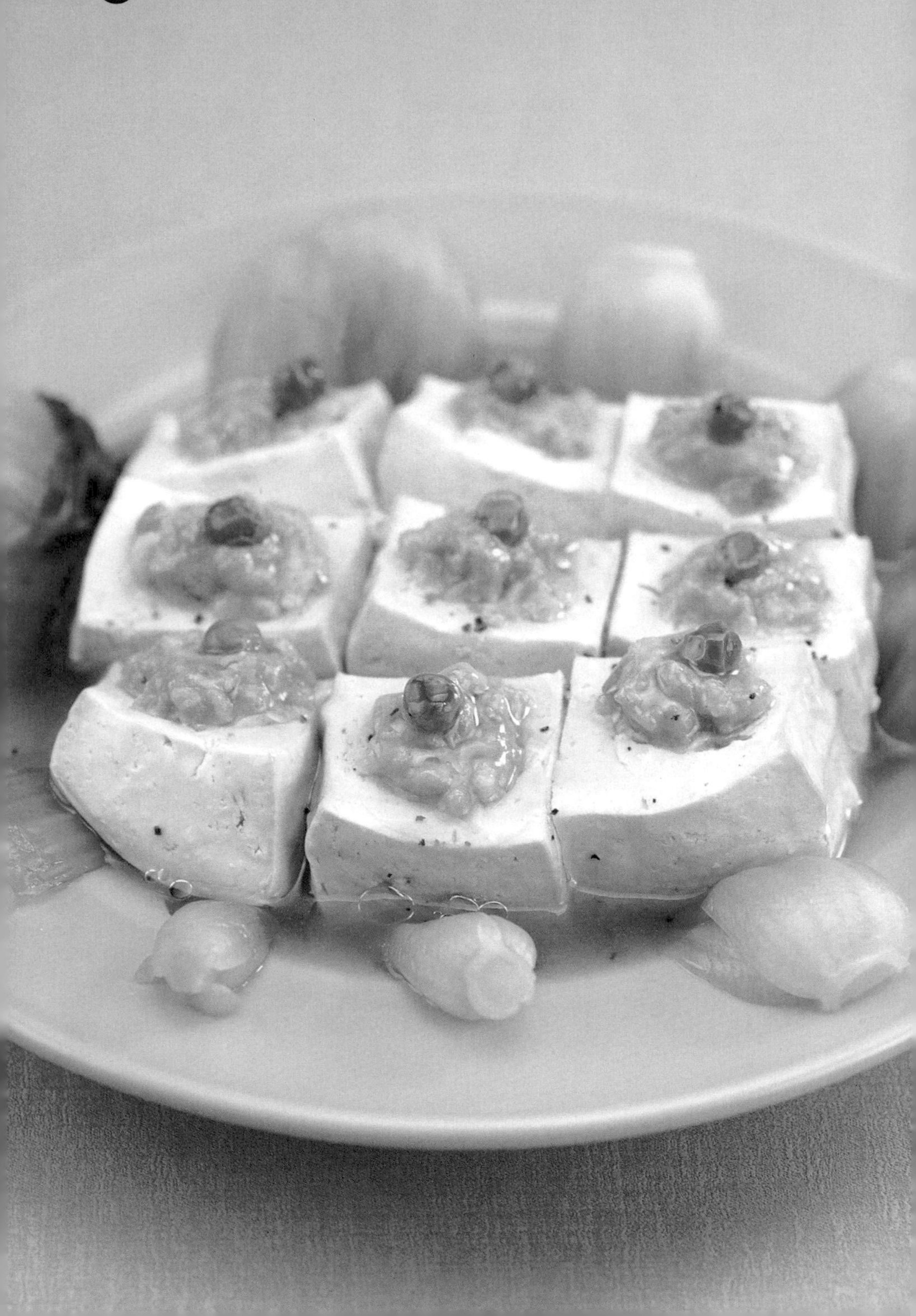

翠綠豆腐鑲肉

方豆腐圓丸子

嫩嫩 公式!

 嫩豆腐 ＋ 絞肉 ＋調羹 ＝ **18** 分鐘

3人份材料material

嫩豆腐1塊半、絞肉4兩、蛋1個、青江菜9棵

調味料spice

■蠔油、雞精各1茶匙，太白粉1湯匙半、高湯半罐，胡椒粉、鹽、香油少許
■蔥粒、薑末各1湯匙，青豆9粒

GO! 作法 recipe

 1

豆腐切井字成9塊、蛋打散備用。

 **2**

蔥薑剁成細末與絞肉、蛋液、調味料與半湯匙太白粉拌勻。

 3

豆腐塊中間挖1小洞，塞進拌好的肉餡，蒸15分鐘。

 **4**

高湯加1碗水及鹽、雞精，煮青江菜至菜心軟後勾芡，淋在蒸好的豆腐上並滴上香油即可。

OKAY!

清淡爽口，趁熱吃更加美味，兒童、老人最適宜。

蒸的蛋豆腐▼ 翠綠豆腐鑲肉

燉鍋、慢火，
白色的豆腐、白色的蛋，
在時間的浸潤中漸漸染上金黃的顏色，
味道也一點一點地滲入，
一口咬下，
裡裡外外都香軟好吃。

PART 6

煮的蛋、豆腐

■豆腐鯛魚湯

■綠茶豆腐

■蝦醬豆腐

■滷味

山珍海味湯
豆腐鯛魚湯

嫩嫩
公式！

 嫩豆腐 ＋ 鯛魚 ＋ 蒸籠 ＝ **25** 分鐘

2人份材料material
嫩豆腐1塊、鯛魚1/2尾、海帶芽半碗

調味料spice
■雞精粉1茶匙、鹽1茶匙半、米酒1湯匙、高湯1罐，香油、胡椒粉少許
■薑絲1湯匙

GO! 作法 recipe

1

海帶芽泡水5分鐘、豆腐切片，鯛魚去魚骨、切片用米酒泡著。

2

鯛魚上面舖著薑絲蒸約10分鐘備用。

3

同時煮高湯加1碗水放入海帶芽，20分鐘後加入豆腐、調味料，燒開後放入蒸好的鯛魚融入湯裡即可。

OKAY!

新鮮的魚類都可與豆腐同烹調，隨季節變化魚類也能成為另一道菜。

煮的是豆腐▼ 豆腐鯛魚湯

綠茶豆腐

翠綠養生羹

煮的蛋豆腐▼ 綠茶豆腐

嫩嫩公式!

 嫩豆腐 + 綠茶粉 + 炒鍋 = **7**分鐘

2人份材料material
嫩豆腐1盒、綠茶粉2湯匙、袖珍鮑魚菇6朵

調味料spice
■鹽、雞精粉各1茶匙,太白粉水1/2碗、高湯1罐、香油少許
■枸杞20粒、青豆1/3碗

GO!　作法　r e c i p e

1
豆腐切丁,鮑魚、青豆、枸杞均沖洗瀝乾備用。

2
高湯加入清水1碗,將所有材料加入,最後加入豆腐。

3
煮開後再加調味料、綠茶粉。

4
煮約3分鐘後勾芡,裝盤後淋下香油即可。

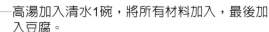

OKAY!
淡淡的清香,涼了也很好吃,夏天食慾不振時可換換口味。

南洋風味豆腐

蝦醬豆腐

嫩嫩
公式!

板豆腐 ＋蝦醬 ＋炒鍋 ＝**14**分鐘

2人份材料material
板豆腐1塊、銀杏10粒、花椰菜1/2棵、金針菇1/2碗

調味料spice
■酒、蠔油、雞精粉各1茶匙，蝦醬2茶匙、葵花油3湯匙、太白粉1/2碗
■青蔥1支、洋蔥1/2個

GO!

作法 r e c i p e

1
豆腐切丁、洋蔥切粒、銀杏泡熱水、花椰菜切
片、金針菇洗淨切掉老根、青蔥切段。

2
炒蔥段、洋蔥、銀杏、花椰菜，再將所有調味
料、蝦醬加入調勻。

3
加入豆腐及少許的水，燜至入味。

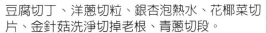

4
加金針菇至軟，勾芡即可。

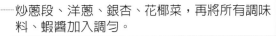

OKAY!
最兼顧營養與口味的一道菜。

煮的蛋豆腐▼ 蝦醬豆腐

一鍋金黃好味道

滷味

嫩嫩公式！

雞蛋、鵪鶉蛋 + 滷包 + 湯鍋 = **2**小時

10人份材料material
雞蛋10個、百頁豆腐1塊、鵪鶉蛋15個、豬肉1斤

調味料spice
■糖、米酒各2湯匙，鹽1湯匙、醬油1碗半、水4碗
■蔥2支、蒜6個、滷包1包

GO!

作法 recipe

1
所有的蛋用冷水煮開，改小火煮約20分鐘熄火，放入冷水。

2
待涼後，用筷子輕輕敲打蛋殼。

3
沿著裂縫小心剝殼。

4
油鍋裡炸香豬肉炸至焦黃，加入蔥蒜調味料、米酒、滷包，燒開後改小火慢燉，再將豆腐、蛋加入，滷至入味。

OKAY!

滷味是最早學習做菜的做法，滷汁可以滷翅、腿、內臟，滷一鍋就可以吃得很豐盛。

煮的蛋豆腐 ▼ 滷味

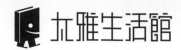

太雅生活館叢書・知己實業股份有限公司總經銷

購書服務

● 更方便的購書方式：

（1）信用卡訂購 填妥「信用卡訂購單」，傳眞或郵寄至知己實業股份有限公司。

（2）郵政劃撥 帳戶：知己實業股份有限公司 帳號：15060393
   在通信欄中填明叢書編號、書名及數量即可。

（3）通信訂購 填妥訂購人姓名、地址及購買明細資料，連同支票或匯票寄至知己公司。

◎ 購買2本以上9折優待，10本以上8折優待。

◎ 訂購3本以下如需掛號請另付掛號費30元。

● 信用卡訂購單（要購書的讀者請填以下資料）

書　名	數　量	金　額

□VISA　□JCB　□萬事達卡　□運通卡　□聯合信用卡

・卡號 ＿＿＿＿＿＿＿＿　・信用卡有效期限 ＿＿＿＿ 年＿＿＿＿ 月

・訂購總金額 ＿＿＿＿元 ・身分證字號＿＿＿＿＿＿＿

・持卡人簽名＿＿＿＿＿＿＿（與信用卡簽名同）

・訂購日期 ＿＿＿＿ 年 ＿＿＿＿ 月 ＿＿＿＿ 日

填妥本單請直接影印郵寄回知己公司或傳眞（04）23597123

總經銷：知己實業股份有限公司

◎ 購書服務專線：（04）23595819＃231 FAX：（04）23597123

◎ E-mail：itmt@ms55.hinet.net

◎ 地址：407台中市工業區30路1號

很高興您選擇了太雅生活館(出版社)的「個人旅行」書系，陪伴您一起快樂旅行。只要將以下資料填妥後回覆，您就是太雅生活館「旅行生活俱樂部」的會員，可以收到會員獨享的最新旅遊情報。

708

這次購買的書名是：生活技能／開始做蛋吃豆腐 (Life Net 708)

1.姓名：_____ 性別：□男 □女

2.出生：民國 _____ 年 _____ 月 _____ 日

3.您的電話：_____ 地址：郵遞區號□□□ _____

　E-mail：_____

4.您的職業類別是：□製造業 □家庭主婦 □金融業 □傳播業 □商業 □自由業
　　　　　　　　　□服務業 □教師 □軍人 □公務員 □學生 □其他_____

5.每個月的收入：□18,000以下 □18,000~22,000 □22,000~26,000
　□26,000~30,000 □30,000~40,000 □40,000~60,000 □60,000以上

6.您從哪類的管道知道這本書的出版？□_____報紙的報導 □_____報紙的出版廣告
　□_____雜誌 □_____廣播節目 □_____網站 □書展 □逛書店時無意中看到的 □朋友介紹 □太雅生活館的其他出版品上

7.讓您決定購買這本書的最主要理由是？ □封面看起來很有質感
　□內容清楚資料實用 □題材剛好適合 □價格可以接受
　□其他

8.您會建議本書哪個部份，一定要再改進才可以更好？為什麼？

9.您是否已經看著這本書做菜？使用這本書的心得是？有哪些建議？

10.您平常最常看什麼類型的書？□檢索導覽式的旅遊工具書 □心情筆記式旅行書
　□食譜 □美食名店導覽 □美容時尚 □其他類型的生活資訊 □兩性關係及愛情
　□其他

11.您計畫中，未來會去旅行的城市依序是？ 1._____ 2._____
　3._____ 4._____ 5._____

12.您平常隔多久會去逛書店？ □每星期 □每個月 □不定期隨興去

13.您固定會去哪類型的地方買書？ □連鎖書店 □傳統書店 □便利超商
　□其他

14.哪些類別、哪些形式、哪些主題的書是您一直有需要，但是一直都找不到的？

填表日期：_____ 年 _____ 月 _____ 日

太雅生活館　編輯部收

106台北郵政53～1291號信箱
電話：(02)2773-0137

傳真：**02-2751-3589**
(若用傳真回覆，請先放大影印再傳真，謝謝！)

太雅生活館

有 行 動 力 的 旅 行 ， 從 太 雅 生 活 館 開 始